[瑞典] Aarne Ranta◎著
田 艳◎译
乔海燕◎审校

Grammatical Framework
Programming with Multilingual Grammars

语法框架
为多种自然语言语法编程

上海交通大学出版社
SHANGHAI JIAO TONG UNIVERSITY PRESS

U0295462

内容提要

语法框架是一种计算机编程语言,专门为编写自然语言的语法而设计,它有能力并行处理多种自然语言。书中全面介绍了如何利用语法框架为自然语言编写语法,以及如何在旅游手册、口语对话系统和自然语言处理系统等实用系统中加以应用。书中的例子和练习涉及多种自然语言,读者可以从中学习如何从计算语言学的视角看待自己的母语。

阅读本书不需要语言学基础知识,因此,特别适合计算机科学家和程序员使用。此外,本书从程序语言理论的视角展示了处理多种自然语言语法的新途径,因此,语言学家也会对本书产生兴趣。

图书在版编目(CIP)数据

语法框架 /(瑞典)兰塔(Ranta, A.)著;田艳译. — 上海:上海交通大学出版社,2014
ISBN 978-7-313-12214-8

Ⅰ.语... Ⅱ.①兰...②田... Ⅲ.自然语言处理 Ⅳ.TP391

中国版本图书馆 CIP 数据核字(2014)第 239268 号

语法框架
——为多种自然语言语法编程

著 者:〔瑞典〕Aame Ranta		译 者:田 艳	
出版发行:上海交通大学出版社		地 址:上海市番禺路 951 号	
邮政编码:200030		电 话:021-64071208	
出 版 人:韩建民			
印 制:常熟市梅李印刷有限公司		经 销:全国新华书店	
开 本:787mm×960mm 1/16		印 张:15	
字 数:280 千字			
版 次:2014 年 10 月第 1 版		印 次:2014 年 10 月第 1 次印刷	
书 号:ISBN 978-7-313-12214-8/TP		ISBN 978-7-89424-076-6	
定 价(含光盘):48.00 元			

中文版序言

One of the most pleasant surprises in my life was in December 2011, when I received a mail from Professor Yan Tian of Shanghai Jiao Tong University, proposing to translate the GF book to Chinese. Wow, I thought, this would almost double the potential audience of my book! Less than a year later, this collaboration spawned another pleasure, which was to visit Professor Tian and her colleagues in Shanghai. She then showed me a complete manuscript of the translation, of which I unfortunately understood next to nothing. But we had long sessions discussing the translation of the terminology, which convinced me that the book is being produced in a serious way. We also had a tutorial course and technical discussions, testing and assessing the newly released Chinese resource grammar, and looking at future project opportunities. Professor Tian suggested that, in order to make the book genuinely interesting to the Chinese audience, we should add an Appendix that shows what GF means for Chinese. Therefore, I wrote the appendix specifically for this Chinese version. It gives Chinese examples and code as a commentary to the main book, thus following its order of presentation. It is probably hard to read without access to the book.

I am grateful to Professors Yan Tian and Yinglin Wang, as well as Li Peng, for their hospitality in Shanghai, to Jyrki Nummenmaa from Tampere for starting this collaboration and guiding me in Shanghai, to Dr. Chen Peng from Beijing for also joining the discussions in Shanghai and contributing to the Chinese resource grammar, and to Dr. Qiao Haiyan from Guangzhou, who wrote the first Chinese GF code—still in use in the resource grammar—back in 1999. The most demanding part of work with the Chinese resource grammar was made by Jolene Zhuo Lin Qiqige, as a part of a Masters course at the University of Gothenburg.

Gothenburg, November 2012
Aarne Ranta

中文版序言(译文)

　　我生命中最令人愉快的惊喜之一是 2011 年 12 月收到了来自上海交通大学田艳教授的邮件,提议要把《语法框架》翻译成汉语。哇,我想,这几乎会使本书的潜在读者增加一倍! 不到一年时间,这一合作又带给我另外一段愉快经历:我在上海造访了田艳教授和她的同事。她给我看了翻译完成的书稿,遗憾的是,我几乎什么也看不懂。但是我们长时间讨论了一些术语的翻译问题,这使我相信本书的翻译极为认真。我们也开了辅导课,讨论了一些技术问题,测试并评估了新发布的中文资源语法,并展望了未来项目合作的可能性。田教授建议:为了使中国读者对本书更感兴趣,我们应该增加一个附录,展示语法框架对汉语的意义。因此,我专门为中文版写了附录,给出了一些汉语例子和代码,作为对原书的补充,附在书后。如果没有事先阅读全书,可能很难读懂专为中文版所写的这个附录。

　　我对在上海受到的热情款待向田艳教授和王英林教授以及李鹏博士致以衷心地感谢! 对发起此次合作并在上海陪同我的芬兰坦布尔大学的杰瑞基·那门马表示感谢! 对从北京到上海参加此次讨论并贡献了中文资源语法的陈鹏博士表示感谢! 也对在 1999 年就写出了第一个且始终在资源语法中使用的中文语法框架代码的广州的乔海燕博士表示衷心感谢! 中文资源语法中最需要付出艰辛劳动的部分是由卓琳其其格完成的,那是她在哥本哈根大学硕士学位论文的一部分。

阿尔内·兰塔

2012 年 11 月于哥德堡

译者序

第 23 届国际计算语言学大会（The 23rd International Conference on Computational Linguistics）的主题是"规则与统计共舞，语言与计算齐飞"（Computational Linguistics—Rules dance with numbers, language soars with information）。在自然语言处理界，统计方法占据主导地位的今天，规则方法是否仍然可以发挥其应有的作用？

众所周知，自然语言的语法对于语言学习者，尤其是成年语言学习者的重要性。因为语法是语言的一般规则，掌握了语法，就可以更快、更好地学习一门语言，也可以减少大量的具体操练。掌握了语法，还可以提高语言学习者语言产出的质量，与一个仅仅通过直接接触语言学习语言的人相比，其在写作与口语中所犯的错误也会更少。

语法为语言学习者提供了一条捷径。机器处理自然语言同样如此，在处理比英语结构更为复杂的自然语言时更是如此。译者非常赞同作者的观点："知道的，就不要去猜。"

Aarne Ranta 教授创建的语法框架（Grammatical Framework，简称 GF）是为多种自然语言的语法编写规则的一种编程语言。自 1998 年问世以来，语法框架系统不断发展，并且逐年增加新的功能。语法框架编程语言的通用语法始于 2000 年，通过手写或从其他语言资源中自动生成的方式，其资源语法库及其所有的扩展已经超过 50 万行语法框架代码，其应用已包括了上百万行代码。资源语法库已增加到包括汉语在内的 26 种自然语言。

《语法框架》一书以教材的形式编写，涵盖了语法框架的基本理论和实际应用。正文中有全面的语法框架辅导章节，附录中有详细的语法框架参考手册。读者不需要有很深的背景知识，也不一定按照专著的顺序，而只需按自己的需要研读。《语法框架》还有专门的网站，为实际操作提供更多的材料和支持。

衷心希望《语法框架》中译本的出版能促进我国自然语言处理，尤其是中文信息处理研究的发展，使规则方法能够有机地与统计方法相结合，提高自然语言处理的质量。

Aarne Ranta 教授在《语法框架》翻译的过程中给予译者热情的鼓励和大力帮助。他专门为中译本撰写了序言和针对中文处理的附录。中文处理的附录中所举的例子可以帮助中文读者更好地了解《语法框架》在汉语语法编写中的运用。中山大学计算机系语法框架方面的专家乔海燕博士在百忙之中审校了全部译稿,并进行了非常专业的修改。瑞典哥德堡大学语言技术中心(The Centre for Language Technology of the University of Gothenburg)在出版资金上鼎力支持。国家自然科学基金项目:"用户异构需求间的半自动化映射及需求缺失识别方法研究"(编号:61375053)也提供了帮助。

虽然译者多年从事计算语言学研究,然而,本书的翻译仍然是一个很大的挑战。书中存在的不妥之处,敬请读者不吝指正。

译　者

2014 年 10 月

前　　言

　　语法框架是为编写自然语言的语法而设计的一种专用编程语言,它可以处理各种复杂的自然语言,也可以为需要许多程序员共同参与的大型工程项目提供编程工具。此外,它还支持仅在单一自然语言内部以及跨多种自然语言的抽象和代码共享。在语法框架走过的 12 年间,它已被广泛应用于多语言翻译系统、基于语言的人机交互系统以及创建计算语言学资源等方面。

　　语法框架是基于类型化函数式编程语言 Haskell 和 ML(元语言)的现代设计,旨在供不同背景的使用者,尤其是没有经过语言学训练的使用者使用。由于语法框架支持强大的概括和多语种应用,它也会让理论语言学家产生兴趣。因此,语法框架可供计算机科学家、语言学家、工程师、数学家、学生以及资深专业人士使用。

　　本书旨在汇集语法框架的全部内容以便于高效使用,其中包括了从零起点开始并涵盖了语法框架所有特征的辅导部分、一系列有关语法框架实际应用和高级语法编写的章节,以及勾画了语法框架全貌的参考手册。书中的有些内容曾经在 50 余种出版物以及语法框架网站上发表,但对于语法框架使用者来说,所遇到的困扰一直是无法在一个地方找到关于语法框架的全部内容。因此,我们希望本书的出版不但对于语法框架的初学者,而且对于经验丰富的语法框架程序员也有所帮助。

作　者
2011 年 2 月

致　　谢

早在 2007 年,我使用了本书的早期版本给瑞典语言技术研究生院的 15 名研究生上了语法框架的课程。2009 年修订后,发给了 30 名参加"2009 年语法框架暑期班"的学生和老师们,他们随即开始使用语法框架对 16 种新的自然语言进行编程。德国慕尼黑大学的 Hans Leiβ 和西班牙巴塞罗那技术大学的 Sebastià Xambó 也使用过暑期班的版本。我对使用过语法框架并给予我反馈的所有老师和学生以及同事们表示诚挚的谢意！尤其需要感谢的是 Krasimir Angelov 和 Björn Bringert,因为他们实际上撰写了书中的部分内容。此外,Håkan Burden、Olga Caprotti、Ramona Enache、Julia Hammar、Arto Mustajoki、Bengt Nordström、Jordi Saludes 以及 Annie Zaenen 曾对我手稿的多个版本提出了非常有价值的意见。我还要特别感谢 Ann Copestake,她作为斯坦福大学"语言与信息研究中心"(CSLI)系列丛书的编辑和语法形式化方面的著名同行专家给予了我富有远见卓识的帮助。Emma Pease 为本书撰写了非常专业的结尾。

语法框架软件是一个开源的合作项目,代码由(排序按时间先后)Petri Mäenpää、Thomas Hallgren、Janna Khegai、Markus Forsberg、Kristofer Johannisson、Peter Ljunglöf、Håkan Burden、Hans-Joachim Daniels、Björn Bringert、Krasimir Angelov、Moisés Salvador Meza Moreno、Kevin Kofler、Jordi Saludes、John Camilleri、Ramona Enache 和 Grégoire Détrez 提供。

语法框架资源语法库是语法框架的主要精华之一,对此做出重要贡献的有: Janna Khegai、Markus Forsberg、Inger Andersson、Therése Söderberg、Anni Laine、Jordi Saludes、Harald Hammarström、Ali El Dada、Jean-Philippe Bernardy、Andreas Priesnitz、Krasimir Angelov、Ilona Nowak、Adam Slaski、Ramona Enache、Muhammad Humayoun、Shafqat Virk、Server Qimen 和 Markos Kassa Gobena。

除了上述对语法框架做出直接贡献的人士外,语法框架的语言和理论也受益于类型论、函数编程和语言学等已知理论和方法。此外,在我与许多同事的个人交流中,我也获得了很多重要的设计灵感。这些同事是(排序仍按时间先后):Per Martin-Löf、Thierry Coquand、Bengt Nordström、Lena Magnusson(后来改为 Pareto)、Gilles Kahn(†2006)、Rod Burstall、Marc Dymetman、Sylvain Pogodalla、Veronika Lux、Lauri Karttunen、Patrik Jansson、Koen Claessen、Robin Cooper、Gérard Huet、Philippe de Groote、Sibylle Schupp、Lauri Carlson、Hans Leiβ 和 Elisabet Engdahl。

最后，我想感谢我的亲人们：Pihla、Eemu、Uula、Aamos 和 Luukas，感谢他们陪伴我度过的美好时光，并常常使我感到更加幸福和睿智。

2011 年 2 月于哥德堡

阿尔内·兰塔

aarne@ chalmers. se

网上资源和语法框架系统

辅助资料可以在本书的网站上找到：

http://www.grammaticalframework.org/gf-book

资料包括：

- 书中的大部分代码实例
- 书中参考手册中给出的链接
- 供课堂上使用的幻灯片
- 一些练习的答案

本书的网站托管于语法框架的主网站：http://www.grammaticalframework.org。除其他内容外，该主网站还含有：

- 带有链接的更新后的参考手册
- 完整的资源语法库应用程序界面
- 语法框架系统和资源语法库源代码
- 语法框架系统可执行的二进制文件

鼓励读者下载和安装语法框架系统并尝试代码示例和习题。本系统适合包括 Linux、Mac OS 和 Windows 的所有主要计算机平台。获得本系统最容易的途径是通过如下的链接：http://www.grammaticalframework.org/download。

从此链接可以获得语法框架的最新版本，只需下载和解压，就可得到现成的可执行文件。语法框架 3.2 版本经测试，证明与本书完全匹配。今后的版本也力图与之前的版本兼容，只增加新的功能而并不清除原有功能。

3.2 版本可通过本书的网站获得，包括资源、在线文件和适合 Linux、Mac OS 和 Windows 操作系统的二进制文件。如果要使用其中的一种二进制文件，只需下载和解压，并放在你的可执行程序的路径上即可。

目　录

第 I 部分　语法框架辅导

第 III 部分　语法框架参考手册

---

①　附录 A ~ 附录 F 的内容在随书的光盘中。

第1章 导 论

1.1 本书内容

本书是为所有试图编写能够处理自然语言的计算机程序的人员而撰写的，焦点主要集中在多语言系统，即能够处理多种自然语言的系统。翻译系统就是此类系统的典型例子。此外，书中也会涵盖其他的应用系统，诸如自然语言界面、口语对话系统、语言学习辅助工具以及软件本地化等。虽然这些系统每次只使用某一种自然语言，但为使用户能够在多种自然语言之间进行选择，系统必须能够提供多种自然语言的服务。在日益全球化的世界，这种需求正在不断增长。

本书旨在适合各种不同背景的读者，尤其是那些对自然语言感兴趣并且有一些计算机方面的经验的读者。从技术层面上讲，本书属于计算语言学和函数编程两个领域。然而，能够预先拥有这两个领域的综合知识的人却并不常见。因此，我们在撰写时不能假定读者了解任一上述领域。这意味着书中存在着一些对于了解上述领域的读者而言过于基础的内容。然而，本书中论述的各种理念有其独到之处，相信会使广大读者耳目一新。

本书主要介绍一种叫做语法框架(Grammatical Framework，以下简称 GF)的编程语言，内容涉及 GF 的方方面面，从介绍 GF 的各个组成要素开始，一直到 GF 的各种最新应用。本书是按照编程语言文本的格式，而不是按照语言学文本的格式编排的。书中的第一部分是 GF 辅导，共分五章，逐步介绍整个 GF 语言。书中的第二部分描述了 GF 在应用系统中的使用，以及自然语言语法编程的一些问题。书中的第三部分包含一本完整的 GF 参考手册、一本 GF 标准库(GF 资源语法库)和 GF 软件系统(交互式 GF 命令解释程序和批编译程序)的简易说明书。

自 1998 年以来，GF 系统一直在不断地发展，每年都会增加新的功能。本书的内容力求稳定，因而略去了 GF 的一些最具实验性和最新的特征。GF 编程语言的现行句法可以追溯到 2000 年，使用目前的各种工具，在此之后编写的所有 GF 语法仍然可以使用，但不包含因早期版本的编译器没能发现的错误。2010 年夏，GF 标准库，即资源语法库的库容，算上其所有的扩展，已超过了 50 万行 GF 代码。此外，通过手写或从其他语言资源中自动生成的方式，GF 的应用程序已有上百万行代码。所有这些代码使得 GF 语言必须保持其稳定性。

本书不涉及语言学理论和语法的计算元理论。只有在实际使用 GF 涉及这些方面时,本书才会加以讨论。读者如果想要更加深入地了解这些理论,可参考本书末尾的 GF 参考书目。

1.2 如何使用本书

本书不仅适合课堂教学,也适合个人自学。不论采取哪种学习方式,在电脑上做练习并进行检测都是至关重要的一环。本书的网站为实际操作提供了更多的材料和帮助。书中的练习分为以下几种:

·没有作任何标记的基础练习。这些练习适合所有的人,一般只需几分钟或不到一小时就能做完。这些练习对于实际理解书中的后续内容极为重要。

·带 * 标记的进阶练习。做这些练习可能需要更多的知识或技能,所需时间从几分钟到几天不等。这些练习不作为学习本书后续内容的先决条件,(但可能是其他进阶练习的前提)。

·带 + 标记的高级练习。做这些练习很可能需要一个小时以上。

从我们讲授 GF 课程的教学经验来看,对研究生讲授辅导部分(第 2 章到第 6 章)有可能在一周内完成。应用部分(第 7 章到第 10 章)不需要依次阅读。如果读者对某个应用特别感兴趣,可以阅读与其最相关的相应章节,获取自己设计和开发所需的思路。参考手册部分也不需要依次阅读。正如任何参考手册一样,其目的是为快速查找详细信息提供帮助。然而,附录 C:"GF 编程语言"是一个从头至尾的可读文本。除了所有必要的细节外,还给出了 GF 语言中选择各种设计的原因,并且解释了其如何共同发挥作用。因此,建议所有想要深入了解 GF 的人士阅读本附录。

为了评估学生的 GF 技能水平,例如在给学生打分时,我们使用大小不同的项目作为标准。举例来说,我们规定 1 周的水平是指学生完成编写某一自然语言的"食品"语法(第 3 章);3 周的水平则要求学生能够执行"微型资源"(第 9 章),或者是开发一个查询系统,其中嵌入了至少 50 条抽象句法规则(第 7 章)的语法。10 周的水平要求学生完成一门新的自然语言的资源语法词法和词典(第 10 章)的编写。20 周的水平相当于硕士论文,要求完整地实现一个资源语法(第 10 章)并撰写一份书面报告。

很多资源语法项目实际上已经作为期刊论文发表了,并且产生了新的科研项目。当然,由于 GF 资源语法库中不断增加新的自然语言,这样的评估办法变得越来越不符合实际,所以可以为那些母语已经"保存"在了 GF 资源语法库里的雄心勃勃的学生安排其他的项目,比如扩展库的覆盖范围(10.8 节),或者创建综合性应用系统(第 7 和第 8 章)。只要有可能,就要鼓励学生用自己的母语或者其他他们感兴趣的自然语言进行练习。在应用项目上(与资源语法相反),致力于研制多语言系统总是十分有趣的。

现在,读者可以直接跳到第 2 章,从实际的 GF 编程开始,也可以继续本章,思考一下自然语言处理和 GF 在其中的作用。我们在此对本书的技术性章节进行远景式的讨论,借此激发读者学习 GF 的动力。这些讨论并不包含任何技术性的定义。

1.3　语法在语言处理中的作用

我们如何能使计算机处理人类语言呢? 对于这一问题,有两种技术解决方案。方案一是传统的方法,就是给计算机某种自然语言的语法,即一系列的规则,用来分析和生成自然语言的书面文本和语音文件。另一种是在过去二十年间极为盛行的方案,就是给计算机大量的数据,即未经处理的语言材料,比如文本,计算机就可通过建立统计模型或采用一些机器学习的技术,抽取出处理规则。这两种不同的解决方案将自然语言处理划分为了两个阵营,即符号计算方法和统计方法。

当前,统计方法不论是在研究方面,还是在技术方面都占据着主导地位。在信息检索、机器翻译和语音识别等众多领域,统计方法已经产生了非常实用的应用系统,能够处理非受限的书面语言和口头语言。然而,语法则有更多的理论特性,其范围也往往非常有限。但是,本书的主要目标之一就是展示语法在实践中是多么有用。

很有意思的是,自然语言处理的符号计算方法和统计方法与语言教学的两种不同观点很类似。传统语言教学派强调语法,并通过训练学习者使用一系列规则来学习一种语言。现代语言教学派则主张让学习者直接接触具体的语言材料,而不是通过语法,即通过听、读和使用来学习一种语言。"语法"成为隐性的了,因为你可能说不出你遵守了什么"规则",或者你为什么用一种方式表达,而不用另一种方式表达。你的语言知识成为隐性的了,这非常像你走路而无法描述你是如何走路的一样。

显而易见,人们开始学习第一语言时,不可能用语法来学,而只能靠直接接触。但当人们成年后学习一种新的语言时,有些人喜欢通过明确的语法规则来学习,而有些人则喜欢直接接触并使用该语言来学习。对于一台电脑而言,其第一语言是处理器的机器语言,它不是通过学习获得的,而是本身就存在,是计算机能够执行任何程序进行各种操作的先决条件。当"教"给电脑一种新的编程语言时,这种"教"是通过编译器实现的,该编译器是一个基于该语言语法的程序,它肯定不是从数据中提取而得到的。

20 世纪五六十年代,编译器和自然语言语法的数学运算在形式语法的共同理论下有了长足的发展(见乔姆斯基,1956)。尽管编程语言和自然语言拥有相同的数学模型,但它们却有着截然不同的差别:编程语言拥有完整的规则系统。实际上,编程语言是由其语法定义的,不论是由显性的形式语法定义,还是由隐性的处理代码定义。如果没有语法规则的定义,编程语言绝对不会存在。因此,语法是编程语言和编译器至关重要的组成部分,它也是程序员参考手册内容中不可或缺的一部分。本书附录 C.6 节:GF 参考手册里的 GF 语言的语法就是一个典型的例子。

对于自然语言而言,其语法是人工制品,是人们通过观察一个已经存在的系统而形成的理论,可能并不十分一致,正如 20 世纪早期语言学家萨皮尔所说:"所有语法都有例外。"(萨皮尔,1921)。萨皮尔指出,自然语言太过复杂而又无规律可循,任何一种形式规则系统都难以将其完全囊括其中。语法书中的语法是为人而编写的,要么不完整,要么为了掩盖其不完整而相当含糊。但是,为计算机而写的语法就不能含糊。因此,这些语法肯定会是:要么不完整(不能包含所有语言现象),要么过于能产(包含了实际上不符合自然语法的表达方式)。

由于语法存在例外,要充分理解语言,仅仅依靠语法是远远不够的。语言学习者通过直觉理解来弥补这一缺陷,计算机则使用近似值,就是通过统计和机器学习等数据驱动方法,从语言数据中学习,从而获得规律。在极端的数据驱动方法中,完全不使用人工手写语法,所有规则都是从数据中学习而获得的。

尽管语法存在例外,但只要它对语言学习者和计算机都有用处,就可以证明 GF 方法的合理性。对于语言学习者而言,因为语法给出了一般规则,因此可以省去大量的具体语言操练。所以,语法是学习语言的一条捷径。不仅如此,了解语法通常会提高语言学习者产出语言的质量,与一个仅仅通过直接接触语言来学习语言的人相比,学习了语法的语言学习者在写作和口语中所犯的错误会更少。这同样适用于计算机处理自然语言,尤其是处理比英语结构更为复杂的自然语言,因为大部分的有效表达方式在现有数据中无法找到。

例如,法语动词有超过 50 种不同的形式,而英语动词只有 5 种。要在某一组文本数据中(假设语法书被排除在外!)找到任意一个法语动词的所有形式实际上根本不可能。但是,为计算机编写能够计算所有动词的所有形式的语法规则却很简单,虽然这样做有些麻烦。在自然语言处理时,甚至在一些包含统计方法的系统中,不使用这样的语法规则是非常愚蠢的。统计自然语言处理的优点在于它能够从数据中自展,但这却相应地导致了由于数据稀疏而产生的许多问题。

统计处理方法难以处理句子的长距离依存关系,部分原因是数据稀疏问题。

下面用一个翻译实例来说明这一问题。英语句子：

my father immediately became very worried

由谷歌翻译(http://translate. google. com/,2010 年 8 月 15 日译)翻译为法语：

mon père est immédiatement devenu très inquiet

此句是正确的。若将 father 变为 mother 则得出下面的译文：

ma mère est immédiatement devenu très inquiet

此句中 mon ("my"用于阳性名词) 被正确地转换成了 ma ("my"用于阴性名词)，然而，完全正确的译文应该是：

ma mère est immédiatement devenue très inquiète

这样，"become"和 "worried"也变为了阴性形式，与 mère ("mother")保持一致。谷歌翻译也像其他统计翻译系统一样，是基于 n 元统计语言模型的，即 n 个词的序列(n 是某个较小的数)。由于 ma 和 mère 相邻，它们属于同一个 n 元组。但是，mère 和 devenu 被两个词分隔开了，当时选用的 n 可能太小(比如小于4)，或者因数据稀疏导致这一 4 元组在数据中从未出现过。但是，基于语法的系统在处理长距离依存关系时没有任何问题，在 mère 和 devenu 之间可以有任何数量的单词存在，只要中间的干扰词可以被识别为副词短语，系统仍然可以正确指派词性。

一致关系的例子可能听上去并不重要，因为语法正确对于理解句子并不那么重要。让我们看一下另外一个例子，它与非连续成分有关，就是词与词之间彼此分开，并且中间可以加入其他词的表达方式。德语动词 umbringen ("杀") 就是一个典型的例子，它由 um ("周围") 和 bringen ("拿来") 两部分组成，这两部分在很多动词形式中都被其他单词，尤其是被宾语分隔开来。谷歌翻译正确地翻译出了：

Ich bringe ihn um.

此译文中 ich 就是"I"，而 ihn 就是"him"，译文就是：

I'll kill him.

但是，如果把宾语 ihn 换成长一点的宾语 meinen besten Freund("我最好的朋友")，即

Ich bringe meinen besten Freund um.

("我杀了我最好的朋友")，谷歌翻译却翻译为：

I bring to my best friend.

再次重申，语法能很容易地将非连续成分连接在一起，不管这些成分之间有多少词。

那么，数据与语法之间的合理分工是怎样的？一个很明确的指导原则是：

　　如果你知道的话,就不要去猜测。

(选自 Tapanainen 和 Voutilainen,1994 的标题)。如果有可以采用的语法,那么就去使用。一些基本的语法,例如词形变化和远距离一致等,在语法规则里都已很好地界定了,在计算机程序里很容易实现。但这并不是说语法就是万能的,因为语法都有例外。这就存在一个健壮性问题:语法规则没有涵盖的语言输入如何处理? 是像编译器的做法一样,显示:"句法错误";或者猜测一下输入语言的意思? 统计语言模型通常通过平滑技术来处理所有的语言输入。

　　除了健壮性问题,语法成本也是大家所普遍关心的一个问题,这将在下一部分讨论。其实,健壮性问题也是 GF 要解决的主要问题之一。有时人们认为,统计模型没有成本,因为它们是从数据中自动生成的。然而,只有在拥有足够大量数据的情况下,才可以实现无成本。如果没有大量的数据,那么,收集以及合理建构所需数据的成本会非常昂贵。而且,由数据自动生成的实用系统,比如自动翻译系统,需要大量的人类知识和判断,通过编写算法和调整参数,才能完成系统的构建,从本质上讲,这些知识大多是语法知识。例如,之前谈到的法语词性问题,就可以通过一个聚集和分类处理过程,将输入的多词语短语进行处理,产生更短、更常见的 n 元组。而设计这样的处理程序需要语法知识,即使这些语法在程序代码中不是显现的,但却存在于编程人员的脑子里。

　　是选择数据引导方法,还是选择语法引导方法,这部分地取决于我们是追求覆盖面,还是追求精确度。如果一个系统,其目的是生成网页浏览所需要的译文,就需要覆盖面,而旨在翻译用户手册以达到出版要求的系统,则需要精确度。覆盖面和精确度不能同时最大化,至少目前还没有人能够做到这一点。因此,要掌握好它们之间的平衡,如果扩大覆盖面,就会降低精确度,反之亦然。

　　一般而言,覆盖面与数据驱动方法相关联,精确度与语法驱动方法相关联。但有时也未必如此。比如 OpenCCG(开放综合分类)英语句法分析器[1]就将是广覆盖面低精确度的语法与增加精确度的统计过滤相结合。

　　当今许多计算语言学研究强调混合系统,就是把统计方法和基于语法的方法相结合的系统。GF 也不例外,如何在混合系统中运用 GF 是很热门的研究课题。但在本书中,我们将不讨论这个话题,而只讨论 GF 本身可以采用的纯语法方法。我们想提醒读者的是,因为所有语法都有例外,所以,这些方法不可能解决自然语言处理中所遇到的所有问题。

1.4　语法成本

　　一提及语法,一个众所周知的问题就是它的成本。仅大规模地实现一种自

---

　　① http://openccg.sourceforge.net/,基于 Steedman,2001。

然语言的语法就需要好多年的工作,相当于一个人完成博士论文的时间,甚至更长。除了编程技能外,还需要对编写目标语言语法的人员进行语言学和目标语言理论知识方面的培训。具备所有这些知识和技能的人并不常见。相比之下,统计方法对于在数学方面有过些训练的任何程序员来说几乎都不在话下。而且,让计算机做这项工作也算是艺术的一部分:一个人可以测试不同值的参数,这样在没有先验知识的情况下,计算机也可以选择最佳值。

从另一个层面上讲,语法代价也是很昂贵的。一旦系统运行语法,语言处理的速度就会很慢,计算成本也会很高。人们普遍认为,对自然语言的精确描述需要至少适度的上下文相关文法。这是一个语言学理论的概念,表示的是一类介于著名的上下文无关语言和上下文敏感语言之间的形式语言。(是否了解这些概念并不影响进一步的阅读。现在最主要的是与语言种类相关的复杂性问题。)适度的上下文相关文法的最差分析复杂度是 $\bigcirc(n^6)$,即分析含有 n 个词的句子所需要的时间与 n^6 成正比。将之与大多数编程语言作对比,后者是基于语法的计算方式的真实成功案例,其分析复杂度仅为线性,即为 $\bigcirc(n)$,这是由其编程语言的设计方式决定的。对许多程序员来说,语言处理的性能如果比线性差,就感觉非常糟糕。

我们主要的主张之一是不论是在开发阶段,还是在运行阶段,GF 降低了采用语法的成本。开发成本是由语言特征降低的,而语言特征已被证明在软件工程中非常有用:

· 可自动检测许多编程错误的静态类型系统
· 支持分工的模块系统
· 使用函数编程来完成功能强大的抽象
· 可使新语法建立在较早的语法之上的函数库
· 可将 GF 语法转换为其他格式的编译器
· 可将从其他格式得到的语言资源转换为 GF 格式的信息提取工具

前 4 个特征是 GF 现代设计中一个不可分割的组成部分,遵循 Haskell 和 ML 等类型化函数式编程语言的模式。同时,GF 也借用了 Java 和 C＋＋的一些功能,尤其是那些已在大型软件工程中被证明的特征。

编写 GF 语法的效率可以比编写如上下文无关语法(也称 BNF 语法,以下简称 BNF 语法)高数个数量级。从以下的事实即可看出这一点:当 GF 语法被扩展为一个 BNF 文法(这是之后常有的任务,参见 7.13 节),其大小可以增加数百倍。这是由于函数编程的抽象机制所致,使从源代码而来的几乎任何形式的重复都被消除。此外,语法一旦写成,就可用相同的方式作为软件库重复利用,这也是通常软件工程生产效率的关键之一。

上面所列的 GF 的后两个特征,即编译器和信息抽取,并不是 GF 的独有特征。例如,众所周知,各种各样的合一文法(见1.9节)被转换成为较低水平和更多重复的格式,比如 BNF 文法,使其可以在诸如语音识别等任务中加以应用。作为一个更为独特的特点,GF 语法也可以被编译成 JavaScript,从而可以在包括移动电话的几乎任何网络浏览器上运行。

通过优化编译器和开发算法,GF 语法的运行性能在不断提高。从理论上说,GF 相当于 PMCFG(多个并行的上下文无关文法,见 Seki 等,1991 年),它介于适度的上下文相关文法和完全的上下文相关文法之间。GF 和 PMCFG 的分析复杂度是多项式($O(n^k)$),但指数 k 取决于语法。然而,实用的语法往往是线性的,部分原因是由于编写语法的人自己设计,部分原因是由于编译技术。图 1 为 12 种语言在 GF 资源语法库(第 10 章)中的分析速度。图中显示资源语法所涵盖的测试语料中,处理每个句子的平均时间,用毫秒表示,它是记号数的函数。最费时的语言是芬兰语,其次是德语和意大利语,最省时的是斯堪的纳维亚语和英语。对所有语言而言,曲线的形状都是线性的。

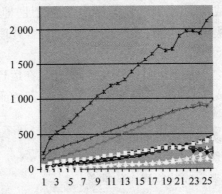

图 1　对不同的语言,GF 资源中的语法分析时间,作为句子长度的函数,
用毫秒/句子表示(引用自 Krasimir Angelov)

GF 生成语言的速度甚至比分析时还要快,这意味着 GF 特别适合多语种翻译任务,即同时翻译成多个目标语言的任务。使用 2007 年的中档笔记本电脑,GF 可以用每分钟 10 万句的速度生成某种语言的文本,即使其中包含有复杂的语言语法。

1.5　多语性

尽管我们认为,GF 是在一次只涉及一种语言的"传统"任务中执行语法的出色工具,但 GF 真正的威力是其多语性。

GF 语法可以同时处理多种语言。实现这个目标的关键是将语法的两个组成部分分开来,即区分了抽象句法与具体句法。这种区分常见于编程语言的编译器。抽象句法表示为一个树状结构,捕捉与语义相关的语言结构。具体句法与树状结构相关,用线性字符串表示。在编译器中,此分工是非常有用的,因为语言有两种"扬声器",以满足不同的需要,程序员偏爱读、写字符串,而编译器喜欢树结构。句法分析是一个将源语言字符串转换为内部树状结构的过程。在现代编译器里,句法分析只占编译过程的一小部分,大部分由名称解析、类型检查、优化、代码生成等所取代,而所有这些操作都在抽象句法树上完成。

当区分了抽象句法和具体句法时,给一个抽象句法配上几个具体句法就成为可能。以一种编程语言作为例子,考虑一下下面这个简单的数学表达式:

2 + 3

此表达式有一个抽象句法树,显示为图 2 的中间部分。具体句法则可随意变化。如在 Lisp 中的前缀形式:

(+ 2 3)

$$2 + 3 \xrightarrow{\text{分析}} \begin{array}{c} + \\ / \ \backslash \\ 2 \quad 3 \end{array} \xrightarrow{\text{线性化}} \begin{array}{l} \text{iconst\_2} \\ \text{iconst\_3} \\ \text{iadd} \end{array}$$

图 2   通过抽象句法从 Java 到 JVM 的编译

在 JVM(Java 虚拟机)汇编器上的后缀形式:

iconst_2

iconst_3

iadd

相应的二进制形式的字节码是:

0000 0101 0000 0110 0110 0000

以及在自然语言中数以千计的表示形式,如在英语、法语和芬兰语中分别表示为:

the sum of 2 and 3

la somme de 2 et de 3

2:n ja 3:n summa

编译器的核心思想是,通过使用源语言的具体句法分析一个字符串,然后,将生成的树状结构通过使用目标语言的具体句法转换为一个字符串。在从 Java 到 JVM 的编译器里,这两个步骤如图 2 所示。其中,将树状结构转化为字符串的过程称为线性化。

这个编译器模型正是 GF 在不同语言中进行翻译的方式。GF 与传统编译器的主要区别在于它比编程语言使用的语法更加强大,因此,它也可以表示自然语言的规则。与大多数编译器的另一个区别是 GF 语法具有可逆性:任何具体句法,既可用于线性化,又可用于句法分析。在编译器中,通常不会关心线性化为源语言,或对目标语言作句法分析,但是,在 GF 中,双向翻译是规范。这可泛化到任意数量的语言,GF 句法的多语性如图 3 所示,它可以从任意一种语言翻译到任意另一种语言。

```
2 + 3                     the sum of 2 and 3
     \             /
       (plus 2 3)
     /             \
iconst_2                  2:n ja 3:n summa
iconst_3
iadd
```

图 3　一个用 Java、JVM、英语和芬兰语表示的多语言语法,中间是抽象句法

GF 的"魔力"在于它能够保持与一个抽象句法相关联的具体句法之间的长距离依存关系。在某种程度上,这一点可在上面"2 + 3"的例子中看到,它可以很容易地由 GF 表示。抽象句法"+"的表达式是由一个函数给出的,它构成了抽象句法树,定义如下:

fun plus:Exp – > Exp – > Exp

具体句法由线性化规则给出,一条具体句法针对一种语言。Java、JVM 和英语可以很简单地表示为:

lin plus x y = x + + " + " + + y

lin plus x y = x + + ";" + + y + + ";" + + "iadd"

lin plus x y = "the sum of" + + x + + "and" + + y

(通过添加参数处理计算符优先级,的可使 Java 规则细化;见 8.1 节)。芬兰语复杂性更高,因为有很多表达式因为格而有屈折变化。加法的操作数两者都是属格,名词 summa（单数）获得句法结构主格 c。在没有读到第 3 章的有关细节之前,我们可以用 GF 的表结构表示词形变化:

lin plus x y = table {c = >

　x ! Gen + + "ja" + + y ! Gen + + mkN "summa" ! Sg ! c

}

这些例子要说明的是很重要的一点:抽象句法独立于任何特征,比如词序和屈折变化等,因而广泛适用于不同的语言。

再举一个更加传统的语言例子,就以一个很简单的句子为例:"she doesn't see us."（她没看见我们）。图 4 为本句及其法语和德语的词对齐情况。这里的对齐意味着这些句子是同一个抽象句法树的线性化结果。此图是由 GF 开发系统中的词对齐可视化工具生成的（见 2.14 节）。

在还没有讨论细节前,需要指出词对齐的两个特征。上图显示了"跳跃",

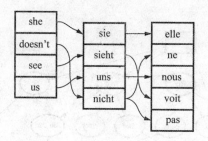

图 4　英语、德语和法语的词对齐

例如在英语句子里,表示否定的是第二个词(doesn't),但在德语里对应的词却是最后一个(nicht)。既懂英语又懂德语的人可以很容易地验证,这些跳跃可以任意地长。在法语里,一个更为有趣的事是,否定是非连续的,由可以相隔很远的两个词 ne 和 pas 表示。处理词序的差别和非连续性是 GF 的强项之一。

　　语言之间的另一个差异是词法限定了词的屈折变化。对于相应的词,不同的语言可以有大量不同的形式。例如,在法语里,名词有两种形式(单数和复数),但是,名词在芬兰语里有 30 到 1000 种形式,这取决于怎样计数。词法也反映在不同语言的句法和一致关系里,一个词形的选择取决于句子中出现的其他词。图 5 为英语和德语由同一个抽象句法树生成的一组字符串,由带有形容词(important)、数词(one, five)和可选介词(for, with)的名词(man, woman)组成。在英语中,只有名词才有屈折变化,表现在名词与数词的数的一致关系上(one man 与 five men)。在德语里,形容词与名词在数和性上也保持一致,此外,形容词和名词还有取决于介词(或介词缺损)的格。图 5 是 GF 中的另一个工具生成的,其名为语法汇编到有限状态自动机及其相关可视化的工具,参见 7.13 节。

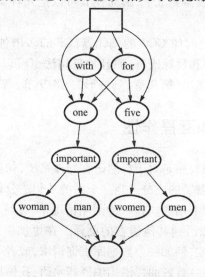

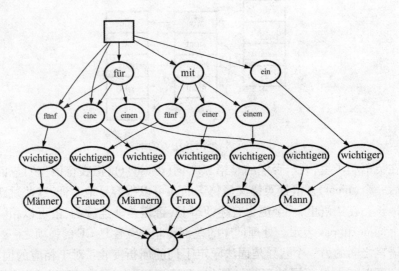

图 5　英语和德语中的带介词的名词短语

多语种语法的一个主要思想之一是，一个抽象句法不需要关心诸如词法、一致关系、词序以及非连续性等特征。抽象句法，用语言学的术语表示，就是纯粹是关于构成成分的，它表示一个表达式的有意义的构成成分是什么，而不表示这些成分究竟长什么样，或其线性化顺序是怎样的。

相当于多语种的语法应用程序的编译器是多资源多目标编译器。例如，GCC（GNU 编译器集合）最初是把 C 编程语言编译成摩托罗拉 68020 机器语言的。然而，由于其大多数操作是在抽象句法层面，GCC 的编译工作就由不同的句法分析器和代码生成器完成了，因而使其可以把几种源语言编译成几十种目标语言。

值得注意的是，比起像 GCC 的编译器，GF 的多语种方法是在更广泛的层面上，即不仅是源语言和目标语言，而且抽象句法也可以有变化。因此，在本书中大家会看到从语言结构（第 9 章）到分形（见 8.9 节）等许多不同的抽象句法。

1.6　语义动作和互操作性

无论是对于编译器，还是对于自然语言处理系统，句法分析和线性化却很少是语言处理系统唯一需要的成分。当一个系统从句法分析器中接收到一个抽象句法树时，指望它能派上用场。在一种限制情况下，系统只是线性化句法树，这在 GF 中即典型的从源语到其他语言的翻译。在更加一般性设定中，此树被转换为一些其他数据对象，例如一个数据库查询请求，或者可能被解释为去做一件事的一个命令，如播放一首歌曲。沿用编译器术语，我们把这类树操作称为语义动作。

在像 YACC 这样的编译器工具中,语义动作是语法规范语言的一个组成部分。更确切地说,语法规范语言不单纯是形式文法,而是一个由用来定义语法的和来定义语义动作的来自主语言的代码 BNF 符号(巴科斯－诺尔格式)(例如在 YACC 里的 C 语言)的组合。这种设置在教科书上的例子就是一个计算器,它分析来自算术运算的数字,其语义动作是计算数值。一个 YACC 样式规则的例子是:

Exp ::= Exp " + " Exp ｛return $ 1 + $ 3｝

这一规则构建了一个表达式(Exp),它含有被 + 号分隔的两个表达式。它为两个操作数表达式返回值的总和,它们由两个变量 $ 1 和 $ 3 表示($ 2 指 + 号)。在花括号里的语义动作可以是主语言程序代码的任何一段。

语义动作的一个自然语言的例子是基于转换的翻译,从分析源语言得到的树,在线性化为目标语前,被转换为某个其他的树。例如,一个英语的被动结构,当被翻译为另一种语言,比如芬兰语时,可能会转换为主动结构,因为在后者中被动结构带施事者的情况非常罕见,也不妥当。编译器相当于转换优化。例如,一个优化的编译器可能不直接从 2 + 3 生成机器代码,它可能会使用一个称为常量合并的优化,首先把树表达式转换为表示 5 的树,然后再检查是否有另外的常量合并,有可能把 5 作为操作数;如果没有,它就会生成对应 5 的机器代码。

语义动作的另一个例子是问答系统,它可将用自然语言提出的问题转换为以同一种自然语言的回答。在系统内部,有一个语义动作,可将问题树转换成答案树。一个计算器可以被看作是一个简单的问答例子。更为复杂的例子经常使用数据库搜索答案。

然而,更加复杂的系统可以接受以碎片的形式、分好几句话给出的提问。例如,一个关于航班价格的问答系统,可能会首先接受出发城市,然后是目的地和日期等,直到最终完全确定某个航班为止。用户每说完一句话,系统就会提示他/她提供更多的信息。这种系统称为对话系统。对话系统在计算语言学研究中发挥着重要的作用,因为研制对话系统涉及自然语言处理的方方面面,从句法分析到语义分析,从语音识别到自然语言的生成及语音合成等。

在涉及语法和语义动作的所有系统中,需要形式文法和主语言之间的互操作性。主语言必须能够从句法分析器接收树、操纵树并将树变为线性化。在 YACC 类的形式文法中,互操作性通过形式文法和主语言在同一规范内的整合而得到保证。然而,这种情况是以可移植性为代价的:YACC 的描述仅适用于 C,JavaCup 的描述仅适用于 Java。此外,语法并没有与处理程序的其余部分彻底分离。这意味着,抛开别的因素,分析器的复杂度不再有保证,因为语义动作可以具有任意复杂度。这也意味着,语法可能会除了最初的目的外,无法在任何其他用途中使用。例如,一个立刻计算问题答案的语法是不能用于对这些问题的翻译的。

在自然语言处理中,Prolog 里的定子句语法,像 YACC 语言描述一样,有许多同样的优点和问题。一个句法分析器不仅仅是分析,而且会执行一个语义动作,那可以是一个任意的 Prolog 程序。其结果是与 Prolog 程序有完美的互操作性,但是可移植性较差,语法和语义动作之间的分离性也差。

GF 的目的是兼顾互操作性、可移植性以及语法与语义动作的分离。实现这一目标的方法是嵌入语法。保持 GF 本身的纯洁性,可使"语义动作"语法能够做的仅仅是构建抽象句法树。然而,通过我们提供的程序库,使得用其他编程语言编写的代码,像 C、Haskell、Java、JavaScript 及 Python 等都有可能访问 GF 的语法。此外,为了使用户可以轻松构建 GF 的应用系统,这项技术保证 GF 不是一个死胡同:用 GF 编写一个语法,可为用任何其他编程语言构建系统中其他的部分留有足够的空间,并且还可以轻松地从一个主语言变到另一个主语言而不改变 GF 组件。

1.7 应用语法和资源语法

GF 最初是为多语言的应用而设计的,之所以设计抽象句法,是为了起一个语义模型的作用。该抽象句法有很多具体句法,从抽象句法树实现的线性化保持了翻译等值。这种语法称为应用语法,因为它们通常是针对特定的应用,如数学练习题、旅游手册或对话系统等定制的。每种应用都有一个特定的领域,其领域特定性使翻译等值更容易得到保证。其中的一个保证是词义消歧。比如,英语形容词 odd,在法语字典里有好几个对等词:bizarre, étrange, dépareillé, impair。如果知道翻译的领域是算术,我们就会知道 impair 是正确的。另一方面是特定领域的惯用语法。例如,当用英语出数学题的时候,就要使用祈使句:"show that the sum of two odd numbers is even"(证明两个奇数的和是偶数)。如果用法语,就要用不定式:"démontrer que la somme de deux nombres impairs est paire."旨在覆盖大范围的通用领域的翻译系统,在这两个方面都有很多的困难。

应用语法也可称为语义语法,因为其抽象句法是模仿一些语义结构的。这些结构可能首先以数理逻辑或本体(现代意义互联网上的知识表示)加以定义,但通常这些结构可以很方便地移植到 GF 里。它们可以和句法语法进行比较,其抽象句法有着更加合理的目标。被句法语法捕捉到的只是句法结构,或语法操作,如由动词和名词短语构成的句子。句法语法通常处理语言学中称之为"句法"的结构,比起语义语法,它们倾向涵盖语言结构的更大的部分,因为所有已知的语义模型都是非常有限的。语义语法和句法语法之间的关系如图 6 所示，它显示了在 GF 中通过分析英语句子"the sum of 2 and 3 is prime"而获得的两个抽象句法树。

```
UseCl
  (TTAnt TPres ASimul) PPos
  (PredVP
    (AdvNP
      (DetCN (DetQuant DefArt NumSg) (UseN sum_N))
        (PrepNP of_Prep
          (ConjNP and_Conj
            (BaseNP (UsePN n2_PN) (UsePN n3_PN)))))
    (UseComp (CompAP (PositA prime_A))))

Prime (Sum (Num 2) (Num 3))
```

图 6   the sum of 2 and 3 is prime 的句法和语义树

图 6 中的第一个树是句法的，同时也更加详细，它表示这句话是一个现在时的肯定句，是从一个名词词组和一个形容词构成的述谓结构生成的。名词短语由名词 sum 和一个定冠词构成，后由带 of 的介词短语及表示两个数字的连词修饰，此名词短语被解读为专有名词。按传统解读，这些概念属于句法。

图 6 中的第二个树是语义的，而且不太详细，它表示的是一个谓词 Prime 由来自两个数值计算的二元函数 Sum 构成。这些概念属于逻辑学，而不是句法。这一结构比第一个树要简单很多，但它准确地抓住了在数学习题或查询系统中使用句子的要素。

同时，语义树比抽象句法树更为简单和抽象。它抽掉了诸如时态、冠词及使用形容词的素性谓词等句法细节。这意味着，在具体句法中允许有更多的变化。在某些语言中，如芬兰语，Prime 谓语通常不是由一个形容词，而是由一个名词表示。"x on alkulukux"等同于"x is a prime-number"。图 6 中的句法树，在正确撰写的语法中，实现线性化时不能用一个名词代替一个形容词。但对于语义树而言，不存在任何问题。

语义语法的目标是正确地描述语言，不仅语义准确，而且同时句法也正确。为了明白这一点，需要一些 GF 的表示法。我们要用公式表示谓词 Prime 的具体句法规则。对于英语，我们可以编写一个线性化规则，如下所示：

lin Prime x = x + + "is" + + "prime"

这意味着，我们用"is"将"prime"和参数 x 连接起来。在芬兰语里，我们可以写成：

lin Prime x = x + + "on" + + "alkuluku"

　　我们不需要关注 prime 是一个形容词,而 alkuluku 是一个名词。

　　但是,在具体句法中的差异可以变得非常复杂。构造句子通常涉及论元、情态和词序等问题。例如,句子"2 is prime",在德语中有三个变体,这取决于它是一个主句呢("2 ist unteilbar"),还是一个从句("2 unteilbar ist"),或是一个倒装从句("ist 2 unteilbar"),如图 7(a)所示。所有这一切很快就变得很难追踪。如果一个人认为撰写小型应用语法比撰写大型语言语法更快的话,他定会失望,因为如此多的语言学问题已经在小型语法中出现了! 图 7(a)是个恰当的例子,显示了在德语中谓词 prime 的一个 GF 规则,它考虑到了情态变化(陈述语气或虚拟语气)、数的一致(表达式 x. n 给出论元 x 的语法数)、词序(三个参数值 ord)和论元的主格等。这一规则仍然远远不能够通用,因为它并不涵盖否定,除了现在时外,也没有包括其他的时态,以及人称的一致(除了第三人称外)。

　　(a) 一个手写规则。

```
lin Prime x = \\ord,mod =>
  let
    ist = case <mod,x.n> of {
      <Ind, Sg> => "ist" ;
      <Ind, Pl> => "sind" ;
      <Conj,Sg> => "sei" ;
      <Conj,Pl> => "seien"
      }
  in case ord of {
      Main => x.s ! Nom ++ ist ++ "unteilbar" ;
      Sub  => x.s ! Nom ++ "unteilbar" ++ ist ;
      Inv => ist ++ x.s ! Nom ++ "unteilbar"
      }
```

　　(b) 使用资源语法撰写的相同规则,带有完整的语言细节。

```
lin Prime x = UseCl
  (TTAnt TPres ASimul) PPos
  (PredVP x (UseComp (CompAP (PositA unteilbar_A))))
```

　　(c) 使用高阶资源语法 API 撰写的相同规则。

```
lin Prime x = mkS (mkCl x unteilbar_A)
```

图 7　在德语中谓词 prime 规则的三种方式

　　现在,同样的语言学问题再次出现在了对话系统语法、旅游手册语法等里面,这些必须通过数学语法才能够解决。这似乎表明编写应用语法是浪费时间,似乎应该解决的是总体的语言学问题,如主谓一致、语序等,编写出一种一劳永逸的独立于应用的语法。但是,这种独立于应用的语法不可能和应用语法一样,做到语义和惯用表达上同样精确。如果想得到用通用语法翻译的高质量译文,就需要大量的转换编程。

幸运的是,GF 能让我们走出困境。很明显,语义语法和句法语法都能通过 GF 编写出来;甚至,句法语法还能成为编写语义语法的函数库,这些函数库就称为资源语法。图 6 里的第一个树形是 GF 资源语法库里的树。资源语法树可以用来定义应用语法里的具体句法。例如,利用在资源语法树里作为名词短语的谓语变量 x,谓语 Prime 就可以在例 7(b)里实现。形容词 prime_A 被替换为 unteilbar_A,这在德语资源词法里已经被定义好了。在英语和德语里,除了形容词 prime_A 和 unteibar_A 以外,这样的实现几乎是完全一样的。

在某一种语法的具体句法里,使用另一语法的抽象句法树,被称为语法成分。最终的结果和手写规则是很类似的。但是这种工程的优势在于实现了分工:

· 资源语法由懂得主谓一致、词序等语法规则的语言学家撰写。

· 应用语法由领域专家编写,他懂得相关领域里的术语和习语等。

例 7(b)中的 Prime 的规则仍极为复杂,因为有大量的语言学概念和冗长的函数名。它有着最小语法函数的粒度等级,这些粒度一起构成了形容词性述谓结构。一般来说,应用语法的用户不需要这样的粒度。用户更愿意沿用资源语法 API(即应用程序界面),这使得用户可以写出例 7(c)的程序。应用程序界面忽略了大量的内部结构(如时态,只默认时态为现在时),并且使用 mk$C$ 形式的合一函数名来构建类型 C 的表达式。

至于句法组合,应用程序界面对于所有语言来说都是一样的。因此,在英语语法中,我们可以写出:

Prime x　=　mkS(mkCl x prime_A)

在芬兰语里,我们可以写出:

lin Prime x　=　mkS(mkCl x alkuluku_N)

因此,只有实义词(unteilbar, prime, alkuluku)需要改变。

目前的资源语法库包含了大约 200 个语法函数,适用于 16 种语言,就每种语言而言,资源语法库有着完整的屈折变化形态,即一套完整的能生成所有单词形式的函数集合。使用不同语言里的屈折变化函数,可以定义为"素数"的实义词如下:

prime_A　　　=　mkA "prime"

alkuluku_N　=　mkN "alkuluku"

unteilbar_A　=　mkA "unteilbar"

英语的 mkA 函数只需要产生一种形式,而德语 mkA 函数则需要产生 20 多种,芬兰语则更多,为 30 多种。

本书将讨论应用语法撰写和资源语法撰写。我们将从应用语法开始,因为应用语法相对而言比较简单,也更容易应用到有趣的实践当中(第 2 章到第 4 章部分)。资源语法库的使用将在第 5 章进行介绍。在第 9 章和第 10 章里,函数库内部语法的编写将作为更加高级的任务进行讨论。但如果只是使用函数库,则不需要了解它是怎样编写的。

1.8 GF 的历史及其应用

GF 最早的研究始于 1991 年(见 Ranta,1991,1994),当时的目的是想在构造类型理论框架内(见 Martin-Löf,1984)建立一个自然语言的句法和语义的集成形式。结果类似蒙塔古语法(见 Montague,1974),但是有了构造类型理论,可对代词和其他照应表达有新的解释。最明显的就是对于所谓的驴子句:"every man who owns a donkey beats it",这些过去通常是用像 Kamp(1981)的类型理论来单独分析的。

类型理论语法最早用于 ALF 校对系统(见 Magnusson,1994),后来又用在了标准的 ML 和 Haskell 里。GF 首次被单独当作编程语言使用是在 19982 月,用在了欧洲的格勒诺布尔(法国)施乐研究中心的"Multilingual Document Authoring"项目里。该项目有个口号:"用你不懂的语言创建一个文件,你可以看着它被转化为你所熟悉的语言"(Dymetman & al. , 2000)。这个概念和 Power & Scott(1998)的 WYSIWYM 系统里的概念是很类似的,但是 GF 的最终目的是利用陈述语法定义,将编写系统变成可定制的,并且在生成的功能外再加上分析。

自 1999 年以来,在瑞典的查默斯理工大学和哥德堡大学,GF 有了蓬勃的发展。在新的环境里,GF 是作为一种函数编程语言来开发的,用的是类型系统和可操作语义学(可参见 Ranta 2004)。计算复杂度是由 Ljunglöf(2004)提出来的,改进了分析算法(Burden and Ljunglöf,2005;Angelov,2009)。由于语法是由好几个人编写的,所以,语法规模不断扩大,语法复杂度不断增加,这就导致了需要创建一个模块系统(Ranta,2007)。最终,便携式的"GF 机器语言"(PGF)就诞生了,以满足高效的运行处理和嵌入语法的需要(Angelov & al. , 2009)。

资源语法项目始于 2001 年。据估计,2006 年,在规模上 GF 系统本身和 GF 资源语法库相当,为代码 4 万行和人力投入 3 人年。经过进一步建设资源库,以及重构 GF 系统,两者开始渐行渐远(截止 2010 年夏天的统计,系统变成了 2 万 5 千行,资源库则变成了 50 万行)

与基本技术同步构建的应用程序已部分确定了其关注点。Hallgren 和 Ranta(2000)为 Alfa 校对系统创建了一个自然语言界面。Hähnle & al. (2002)为软件规范开发了程序编写系统,还发布了证书工具的密匙(Beckert & al. ,

2006）。这个系统包括英语、德语和形式语言 OCL（对象约束语言）（Warmer and Kleppe, 1999）。它使用了资源语法库，并通过自然语言生成技术扩展了 GF 语法（Burke and Johannisson, 2005）。程序编写界面则是基于 Khegai 等人的工作（2003）。在所有这些应用中的一个共同想法，就是通过抽象句法来进行多语种的翻译。这种思路的工作在 WebALT 翻译系统中继续，该系统可提供涉及 7 种语言的数学练习（Caprotti, 2006），还能把 GF 与计算机代数编辑器整合（WebALT Consortium, 2006）。

欧洲对话系统研究项目 TALK（2004—2006）在口语语言应用程序中引入了 GF。所涵盖的方面包括通过抽象句法的对话控制（Ranta and Cooper, 2004）、把语音与点击结合的多模态（Bringert & al. 2005）、多语种的资源语法（Ljunglöf & al., 2006）、语音识别的语言模型（Jonson, 2006；Bringert, 2007b），以及语法工程（Lemon and Liu, 2006；Perera and Ranta, 2007）等。所有以上这些内容都包含在多模态和多语种的对话系统 TramDemo 里了（Ljunglöf & al. 2006）。

欧洲项目 MOLTO（多语种在线翻译，2010 年 3 月至 2013 年）将把 GF 开发成为一个高质量的在线多语种翻译工具。尽管仍专注于特定的某个领域，MOLTO 正尝试提高 GF 编程的产能，并且也尝试将 GF 与统计翻译技术结合，在提高系统健壮性的同时可以从数据中学习语法。

本书的参考书目给出了 GF 项目全部的出版物清单，还对每个项目做了简单的介绍。

1.9　相关工作

GF 根植于至少 4 类研究传统：
- 逻辑：类型理论和逻辑框架
- 形式语言句法
- 编译程序构建
- 函数编程

将逻辑和句法结合在一起并不新鲜，GF 可以被看成是语法形式化的应用和生成。这在蒙塔古语法（Montague, 1974）中早有隐含，而且 40 年来一直被认为是将句法和语义结合的标准方法。最早的动机之一是能分析语法中的照应，由此解决语篇表示理论（CDT）中处理的许多问题（Kamp, 1981）。

抽象句法和具体句法的许多概念来自于计算机科学（McCarthy, 1962；Landin, 1967）。抽象句法是编译器里的核心数据结构，编译器的大多数阶段（类型检查、指令选择和优化）都是在抽象句法树上进行的（Appel, 1998）。因此，正如我们上文所指出的，多语种的 GF 语法实际上与像 GCC（GNU Compiler

Collection)这样的多源多目标的编译器具有相同的结构(Stallman,2004)。

在语言学领域,抽象句法和具体句法的区别是由柯里(Curry)在深层语法和显出语法的结构下于1961年提出来的。在蒙塔古语法(Montague,1974)里,这种结构是隐含的,但却花了很长时间才得到了语言学方面的支持。在新千年里,很多人表现出对科里风格的语法结构的极大兴趣,典型例子有 GF、ACG(抽象范畴语法;de Groote, 2001)、HOG(高阶语法;Pollard, 2004)和 Lambda 语法(Muskens,2001)。虽然科里提到了多语种语法的可能性,但其他基于科里理论的形式化所关注于其他方面,而不是多语种。

计算语言学所使用的最著名的语法形式化是 DCG(定子句文法,Pereira & Warren 1980)、LFG(词汇功能语法;Bresnan,1982)、HPSG(中心词驱动短语结构文法;Pollard & Sag,1994)、TAG(树邻接语法;Joshi,1985)和 CCG(组合范畴语法;Steedman,1988,2001)。除 TAG 和 CCG 之外,所有的语言形式化都是基于合一操作的。这些形式化都没有能与基于科里体系的形式化相比的抽象句法的具体概念。但是,它们又确实采用了抽象的表达式作为语义的基础。QLF(准逻辑形式)是用于基于 DCG 核心语言引擎的代表(Alshawi,1992),而 LFG 则有着F 结构。MRS(最小递归语义;Copestake & al. ,2005)是用在 HPSG、LFG 和 TAG里的形式化。

QLF 和 MRS 的一个重要应用是在翻译系统里,它们不是被直接作为中间语,而是作为语言转换的标准加以定义的。因此,不同的语言有不同的 QLF 或MRS 表示,并且它们之间有着明确的转换函数。

编程语言 Prolog 有内置的支持合一的机制,因此,成为了语法形式化的流行操作语言。尤其是 DCG 可在 Prolog 里作为嵌入语法来使用。由于 Prolog 是通用目的的语言,它能提供一个平台,可以整合语法,从而编写应用程序。这些内容在很多教科书里都讲到了,包括 Pereira 和 Shieber (1987),以及 Blackburn 和 Bos (2003)。Regulus 平台(Rayner & al. ,2006)将这些想法用在了对话系统里。Regulus 还从定子句文法里提供了一个编译器并将其加入到了语言模型里,以实现在 Nuance 模式里的语音识别(http://www.nuance.com/)。这直接促进了 GF里的相应研发(见7.13节)

NLTK 系统(自然语言工具包;Bird & al. ,2009),是用 Python 处理语言的一套工具。它支持本地的上下文无关文法的编写和分析,但是自 2010 年以后,NLTK 也有了 GF 约束,允许 GF 嵌入到 Python 中。

Zen 工具包(Huet 2005)是一个函数库,为的是使词法和词典在 OCAML 编程语言中得以实现。由于 OCAML 和 GF 的相似性,常常会将词法描述在 Zen 和 GF 之间相互移植。Zen 又进一步促进了用于 Haskell 的类似函数库的发展,后者名为函数词法(Forsberg & Ranta,2004)。

用于自然语言语法编写的专门用途语言包括 NL-YACC(Ishii & al. ,1994)，它来源于类似 YACC 的句法分析生成器，支持上下文无关文法；还包括支持 HPSG 的 LKB 系统(词汇知识构建器；Copestake,2002)，以及支持 LFG 的 XLE 系统(施乐语言环境)。在这些系统里，NL-YACC 和 LKB 与 GF 一样，是开源的，而 XLE 不是。

在 GF 里，将大的资源语法作为小型应用语法基础的理念是从 CLE(核心语言引擎；Alshawi & al. ,1992；Rayner & al. ,2000)继承而来的。GF 资源语法库将 CLE 语法用作覆盖的基准。Regulus 资源语法是在 CLE 里更为直接的延续，两者都采用类似的形式化，但 Regulus 语法更集中在语音的应用上。作为语法专门化的方法，CLE 和 Regulus 采用了被称为基于解释的学习方法(Rayner & al. ,2000)，给出了与 GF 语法编写类似的结果，只是以不同的方式而已。

CLE 的多语种资源语法包包含了 4 种语言，而 Regulus 目前包含了 7 种语言。其他的多语种资源语法包还有用 HPSG 编写的 LinGO Matrix (Bender & Flickinger,2004；后来更名为 DELPH-IN)，以及用 LFG 编写的 Pargram(Butt,2003)。不管是 LinGO、DELPH-IN 还是 Pargram，其目的都是编写出覆盖面广的语法，以实现文本分析，而不是只能处理某些特殊领域的内容。这类语法的某些内容比 GF 资源语法还要广泛。通过用适当的缓解技术来扩展，以处理不和语法的输入，这些语法可以用于分析任意文本，特别是英语文本。

统计语言处理在 Jurafsky & Martin(2000)以及 Nugues(2006)的著作中已经做过介绍。机器翻译的现代统计方法是由 Brown & al. 首先提出来的(1990)。洛佩兹(Lopez,2008)对目前的问题，包括一些语法信息的使用问题做过调查。

第 I 部分　语法框架辅导

第 2 章　多语种语法的基本概念

本章将介绍多语种语法和 GF 的基础知识。它涵盖以下主题：

- BNF(巴科斯-诺尔范式,以下简称 BNF)语法及其在 GF 系统中的应用
- GF 的各种功能：句法分析、生成、翻译
- 抽象与具体句法
- 抽象句法树与解析树
- BNF 的局限性
- 作为 BNF 泛化的基于字符串的 GF 语法
- GF 的模块结构
- 自由变异
- 基于字符串的 GF 的局限性
- 树的可视化和词对齐
- 批量词法分析、无词法分析和字符编码

2.1　BNF 语法格式

巴科斯-诺尔范式(BNF),亦称上下文无关文法,可能是人们最为熟悉的语法形式。它既可用于计算机科学,在编译器中明细编程语言,也适用于语言学,用于引入自然语言句法。有时即使是大规模的自然语言语法也是按照 BNF 来编写的。例如,许多语音识别系统支持 BNF 中规定的语言模型。GF 也支持BNF 语法作为完整 GF 语法的一种替代性的简化版本。

完整的 GF 在许多方面都比 BNF 语法强大。但是,凭借 BNF 的知名度和简便性,它为更广义的概念提供了平滑引入。因此,我们将从 BNF 语法开始讲解本辅导教程。我们会展示如何在 GF 系统中使用语法,然后指出,为什么在需要同时处理多种自然语言时,特别需要功能更加强大的语法。

第一个例子是如图 8 所示的 foodEng. cf 语法。它是一种注释食物的语法,例如,

this Italian cheese is very expensive(这种意大利乳酪非常昂贵)

该句语法可以用作一个大项目的一部分。比如,安装在游客手机上的电子

```
Pred.       Comment ::= Item "is" Quality
This.       Item    ::= "this" Kind
That.       Item    ::= "that" Kind
Mod.        Kind    ::= Quality Kind
Wine.       Kind    ::= "wine"
Cheese.     Kind    ::= "cheese"
Fish.       Kind    ::= "fish"
Very.       Quality ::= "very" Quality
Fresh.      Quality ::= "fresh"
Warm.       Quality ::= "warm"
Italian.    Quality ::= "Italian"
Expensive.  Quality ::= "expensive"
Delicious.  Quality ::= "delicious"
Boring.     Quality ::= "boring"
```

图 8　GF - 关于食物注释的可读的 BNF 语法

短语手册。本书 7.11 中所展示的就是正在应用中的实例。在本书中,我们会反复使用"食物语法"并使其扩展和变化。

　　BNF 语法的每一行都是一条标签规则,它定义了范畴的"产生"。每条规则的一般形式如下:

Label . Category ::= Production

其中,每条产生由范畴(未引用标识符)和记号(引用字符串)组成。

　　BNF 语法可以被视为一种陈述程序,可定义两种运算:生成和句法分析。要用语法生成,需沿着某个范畴,比如 Comment 的产生来生成,然后,通过递归,为每个范畴生成一系列产生来构建一系列的记号。在句法分析的逆运算中,可以从一系列记号开始,找出是否或怎样通过使用语法规则,构建 BNF 语法。句法分析的结果是一组树,可以通过规则标签或范畴构建。例如,字符串

this Italian cheese is expensive

与如下的树所展现的形式一致:

Pred (This (Mod Italian Cheese)) Expensive

正如由规则标签构建的一样。这种树的可视化图形如图 10(a)所示。

　　带有规则的标签是 GF 的独有特征,在构建树时发挥着重要的作用。但是,它们不是在 GF 以外的所有 BNF 语法标签里都能找到。即使在 GF 内,这些标签也可在源代码中省略,系统会为每条规则自动生成标签。

　　标签和范畴可以是任何名称,只要它们是有效的标识符。在 GF 中的标识符是一个字母,后面跟着一串字母、数字、字符","或"_"。当然,程序员应该使用符合逻辑的富含信息的标识符来指明每个范畴和标签的意义。

　　既然 foodsEng. cf 在 1.7 节中是作为语义语法的,它使用了语义范畴而非句

法范畴。当然,这些语义范畴和熟悉的句法范畴是相互对应的。因此,Comment 是句法上的一个句子,Item 是一个名词短语,Kind 是一个普通名词,Quality 是一个形容词。本章中,我们将只关注语义名称。在第 5 章里,我们将语义名称和资源语法精确对应起来。

大多数在 foodsEng.cf 中的标签都用的是通俗易懂的英语词。用于第一条规则的标签 Pred 表示谓项(预告一个 item 的 quality,即:表明 item 拥有哪种 quality)。标签 Mod 表示修饰(用 quality 来修饰一个 kind)。

2.2　GF 系统的使用

为了在运行中观察 GF,必须按照本书开头部分的说明操作安装 GF 系统。我们在本书中使用 GF 的主要途径是互动式 GF 命令解释程序。这个程序由操作系统命令 gf 调用,并执行 GF 命令,例如线性化和句法分析。图 9 表示了当 gf 启动后发生了什么。GF 图标和一些初始信息显示了出来,后跟提示符" > "。在这张图中及书中的其他地方,我们用" > "符号表示 GF 提示符,用" $ "符号表示操作系统提示符。你应该在提示符之后键入文本,但不要键入提示符本身。

```
          *   *  *
        *            *
      *                *
    *
    *
    *          * * * * * *
    *       *            *
    *          * * * *
        *    *    *
          *  *  *


This is GF version 3.2.
License: see help -license.
Bug reports:
http://code.google.com/p/grammatical-framework/issues/list

Languages:
>
```

图 9　打开 GF 命令解释程序

你可能想给 GF 命令解释程序发出的第一条指令是 help,

> help

程序返回一个带有简短说明的指令单。如果你给它另一个命令名称作为参

数,它将为其提供详细的帮助。例如,

　> help parse

系统还显示 CPU 用于执行每个指令的时间,在处理大型复杂的语法时,这是极为有用的信息。

所有 GF 命令同时有短名称(1 或 2 个字母)和长名称。短名称是长名称的第一个字母,除非长名称中包含一个下划线则短名称再增加一个字母,即下划线后的那个。例如,parse = p 和 generate_random = gr。那么指令 help parse 也可以写成

　> h p

一般而言,短的名称在实际使用时比较方便,而长的名称在文档中可提供更多信息,例如在本书中这样。长名称在脚本,(即含有一系列 GF 命令的文档)中也很有用,因为它们显示指令的意思。最重要的指令及用法的列表详见本书的附录 E。

2.3　在 GF 系统中测试一个语法

在 GF 中测试一个语法的第一个步骤就是要将该语法导入到系统中。这一命令是 import = i,后面跟着文档名,即:

　> import foodEng. cf

linking . . . OK

“linking . . . OK”的信息表示一个语法的数据结构在记忆库中已经构建了,并且可以随时使用。

导入完成一个语法后,我们可以用指令 parse 解析引号中的字符串:

　> parse "this Italian cheese is very expensive"

Pred (This (Mod Italian Cheese)) (Very Expensive)

系统给出的反应是一棵树,它呈现的形式是一对对括号,而不是图形。但是,此树也可以以图形的形式呈现,如图 10(a)所示。图形树是由将在 2.14 节中介绍的树的可视化 GF 指令 vt 生成的。

通过句法分析返回的树是一棵抽象句法树,它是构造该句子时的规则应用部分有序集的编码。树的节点是规则标签。在 GF 中,抽象句法树是语言处理的焦点对象,就像在编译器中一样。

一个替代抽象句法树的语法表达式是解析树。解析树不使用规则标签,但用范畴作为节点,用记号作为树叶。图 10 显示了一个句子的抽象句法树(a)和解析树(b)。后者是由 GF 指令 vp 生成的,在 2.14 节里将讲解关于解析树视觉化的相关内容。这棵树有交叉的枝干,在这一特例中是可以避免的,但一般在

GF 里则不能避免,这一点稍后我们将会看到。

(a) 抽象句法树

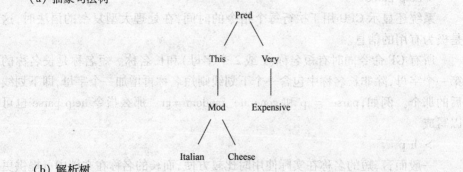

(b) 解析树

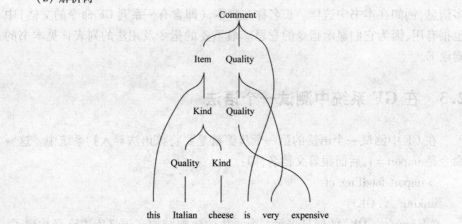

图 10　句子:this Italian cheese is very expensive. 树形图

解析树通常被用作教学手段,但在语言处理时,它们并不像抽象句法树那么有用,因为它们显示的详细信息与之后的语言处理无关。例如,单词"is"的枝干在图 10(a)中没有相关枝叶,因为它没有把任何东西添加到抽象句法树里。编译器通常不构建解析树,而是直接返回抽象句法树,并且丢弃无关信息。

增量解析是 GF 中一个非常有用的功能。该解析器能够列出已给出开头的字符串的各种可能的后续内容。不同于如移动电话所使用的 T9 中的预测系统,GF 中的预测对语法敏感。它是通过在命令解释程序中按 tab 键(<TAB>)调用的。因此,通过语法 foodeng. cf,你在句子开始时会得到:

> p " <TAB>

that this

句子写到一半时中会得到

> p "this cheese is <TAB>

Italian boring delicious expensive fresh very warm

只要给出足够多的字母,解析器就会自动完成单词:

> p " this cheese is e < TAB >

> p " this cheese is expensive

一棵抽象句法树可以被转变为一个线性化的记号序列。GF 指令 1 = linearize 把一棵树作为它的参数,返回一个记号序列作为解释:

> linearize Pred (This Fish) Delicious

this fish is delicious

实际上,为了作为 linearize 指令的参数而去编写树的情况不太普遍。树通常作为其他指令的结果被获取,例如随机生成树:

> generate_random

Pred (That Cheese) Italian

GF 支持 Unix 风格管道,用符号"|"表示,用于把一个指令的输出以输入的方式发送到另一个指令。一种测试语法的好方法,即观察实际生成了什么的方法,就是看将随机生成(gr = generate_random)的输出作为线性化的输入后的结果:

> generate_random | linearize

that expensive delicious boring wine is expensive

一个管道的中间阶段可以通过使用跟踪选项 – tr 看到:

> generate_random – tr | linearize

Pred (That Fish) Warm

that fish is warm

要生成许多例子,你可以按下向上的箭头键,以获得前面的指令,从而避免重新键入该命令。这个功能可用于导航至指令历史记录中的任何地方。对于随机生成,也可用一个特定的数字标志:

> generate_random – number = 100 | linearize

指令 gt = generate_trees 表示穷尽生成,即返回所有至一定深度的树:

> generate_tree | linearize

that cheese is boring

that cheese is delicious

that cheese is expensive

that cheese is fresh

…

默认深度是 4,但是能够通过更换标志 – depth = n 调整深度。

练习 2-1　通过手动输入或从本书的网页复制语法 foodEng,并对它进行一些句法分析和生成的测试。

练习 2-2　添加一些单词和规则至 foodEng,然后在 GF 中测试。

2.4　用于意大利语的 BNF 语法

英语比其他语言更适合使用 BNF 语法。但是,在图 8 中的英语语法是经过精心设计的,以使其涵盖部分其他语言。我们也可以编写意大利语的 BNF 语法,如图 11 所示:

```
Pred.       Comment ::= Item "è" Quality
This.       Item    ::= "questo" Kind
That.       Item    ::= "quel" Kind
Mod.        Kind    ::= Kind Quality
Wine.       Kind    ::= "vino"
Cheese.     Kind    ::= "formaggio"
Fish.       Kind    ::= "pesce"
Very.       Quality ::= "molto" Quality
Fresh.      Quality ::= "fresco"
Warm.       Quality ::= "caldo"
Italian.    Quality ::= "italiano"
Expensive.  Quality ::= "caro"
Delicious.  Quality ::= "delizioso"
Boring.     Quality ::= "noioso"
```

图 11　BNF 语法的意大利语食物注释

由此语法对应 this Italian cheese is very expensive,生成的 Comment 是:

questo formaggio italiano è molto caro

图 8 中的英语语法与图 11 中的意大利语语法的主要区别是词语选择的不同:一个语法几乎可以通过将另一词法的词语用其词典中的同义词替代而获得。唯一不适用的是 Mod 规则:在英语中,Quality 出现在 Kind 前面(Italian cheese),而在意大利语中,则出现在后面(formaggio italiano)

练习 2-3　用与英语语法相同的指令在 GF 中尝试编写意大利语语法。

练习 2-4　自己选择一种语言,写一个它的 food(食品)语法的版本。一些规则可能会生成不正确的输出,但不用担心,因为这些问题会在后面的章节中得到解决。只须将输出的错误列一份清单,供之后重新设计语法时使用。

2.5　BNF 语法和翻译

GF 的主要思想是,通过抽象句法树进行翻译,即通过对源语言进行句法分析,获得抽象句法树,然后线性化为目标语言。通过 foodEng. cf 我们可得到:

> parse "this cheese is expensive"

Pred（This Cheese）Expensive

通过 foodIta. cf 我们可得到：

> linearize Pred（This Cheese）Expensive

questo formaggio è caro

我们想要用一个管道实现：

> parse "this cheese is expensive" ∣ linearize

questo formaggio è caro

但这不太可能，因为 foodEng. cf 和 foodIta. cf 是两个独立的语法，它们不能被导入到同一个 GF 会话中。它们的确对于类似的规则使用相同的标签，因此，它们拥有类似的抽象句法树（虽然解析树肯定不同）。但这种相似性在一点上被打破：即修饰规则（Mod），这意味着拟采用的翻译对应词具有不同的树：

Italian cheese　　　　　– Mod Italian Cheese

formaggio italiano　　　– Mod Cheese Italian

这是个问题，但可以通过从 BNF 语法演进到 GF 形式化进行处理，从而得到解决。

与构建抽象句法树相关的 BNF 规则部分是它的类骨架，即忽视终端后获得的部分规则。例如规则：

Comment ： ： = Item "is" Quality

Comment ： ： = Item "è" Quality

这两个规则都有同一个类骨架，

Comment ： ： = Item Quality

以下规则也一样：

Quality ： ： = "expensive"

Quality ： ： = "caro"

的骨架是：

Quality ： ： =

但英语和意大利语的修饰规则分别是：

Kind ： ： = Quality Kind

Kind ： ： = Kind Quality

具有不同的类骨架。且因为它们没有终端，这两个类骨架与规则本身相同。

2.6　抽象句法与具体句法

从 BNF 演进到 GF 的步骤是，将定义抽象句法树的规则从指明如何使树线

性化的规则中分离。例如,谓项规则:

Pred. Comment ∷ = Item "is" Quality

现在就变成了两个规则:

fun Pred : Item – > Quality – > Comment ;

lin Pred item quality = item + + "is" + + quality ;

标示为 fun 的第一条规则把 Pred 定义为用于构建树的一个函数。此函数有一个类型,这个概念与 BNF 规则的类骨架概念相对应。Pred 的值类型是 Comment,而 Item 和 Quality 是其两个参数类型。如同在函数编程语言里的惯例,参数类型和值类型通过箭头(– >)相互分离。这最终由柯里化技术来证明合法,即一个 n 元函数实际上是一个返回了 n – 1 元函数的 1 元函数。这反映在注释上说明箭头是右结合的,如下:

$$A \rightarrow B \rightarrow C \equiv A \rightarrow (B \rightarrow C)$$

柯里化技术具有诸多优势,稍后我们将在 3.9 节中谈到。

用 lin 标记的第二条规则,用两个参数的线性化定义了 Pred 的线性化。这些线性化由两个变量 item 和 quality 表示。这些变量名称的选择纯粹是出于文档记录的目的;用 x 和 y 也同样没有问题。这些变量标出了原 BNF 规则中的范畴的出现。单词"is"在引号中,如同在 BNF 中一样。产生中的条目是由级联运算符" + +"连接,它也表达了单词的顺序。在 GF 中遗漏了" + +"符号会导致一个错误,因为作为函数编程语言中的惯例,并置是函数应用的表示法。

既然我们已经把 fun 规则与 lin 规则分开了,我们就解决了英语和意大利语之间单词顺序差异的问题。其函数是:

fun Mod :Quality – > Kind – > Kind

英语线性化规则是:

lin Mod quality kind = quality + + kind

意大利语线性化规则是:

lin Mod quality kind = kind + + quality

在一个线性化规则中,关键是定义一个字符串,作为其依赖的变量的函数。在第 3 章中将介绍:在整个 GF 中,如何在线性化规则中将此处字符串扩展为任意的线性化类型。

为了将不同类型的规则整理有序,GF 有一个模块系统。两个主要模块类型是抽象句法和具体句法。fun 规则属于抽象句法模块,而 lin 规则属于具体句法模块。多语言语法是由一个抽象句法和任意数量的具体句法所组成的一个系统。

图 12 展示了由图 8 中已标记的 BNF 语法所生成的抽象句法模块。图 13 显示了英语的具体句法,图 14 则展示了意大利语的具体句法。除了 fun 和 lin

规则外,这些模块还包含一些注释,这将在 2.8 节里介绍。

```
abstract Food = {
  flags startcat = Comment ;
  cat
    Comment ; Item ; Kind ; Quality ;
  fun
    Pred : Item -> Quality -> Comment ;
    This, That : Kind -> Item ;
    Mod : Quality -> Kind -> Kind ;
    Wine, Cheese, Fish : Kind ;
    Very : Quality -> Quality ;
    Fresh, Warm, Italian,
      Expensive, Delicious, Boring : Quality ;
}
```

图 12 Food 语法的抽象句法

```
concrete FoodEng of Food = {
  lincat
    Comment, Item, Kind, Quality = Str ;
  lin
    Pred item quality = item ++ "is" ++ quality ;
    This kind = "this" ++ kind ;
    That kind = "that" ++ kind ;
    Mod quality kind = quality ++ kind ;
    Wine = "wine" ;
    Cheese = "cheese" ;
    Fish = "fish" ;
    Very quality = "very" ++ quality ;
    Fresh = "fresh" ;
    Warm = "warm" ;
    Italian = "Italian" ;
    Expensive = "expensive" ;
    Delicious = "delicious" ;
    Boring = "boring" ;
}
```

图 13 Food 语法的英语具体句法

含有真正 GF 代码的文件可从其后缀 .gf 辨识。它们可以用与 .cf 文件同样的方式导入 GF 的命令解释程序。

> import FoodEng.gf

– compiling Food.gf... wrote file Food.gfo

– compiling FoodEng.gf... wrote file FoodEng.gfo

```
concrete FoodIta of Food = {
  lincat
    Comment, Item, Kind, Quality = Str ;
  lin
    Pred item quality = item ++ "è" ++ quality ;
    This kind = "questo" ++ kind ;
    That kind = "quel" ++ kind ;
    Mod quality kind = kind ++ quality ;
    Wine = "vino" ;
    Cheese = "formaggio" ;
    Fish = "pesce" ;
    Very quality = "molto" ++ quality ;
    Fresh = "fresco" ;
    Warm = "caldo" ;
    Italian = "italiano" ;
    Expensive = "caro" ;
    Delicious = "delizioso" ;
    Boring = "noioso" ;
}
```

图 14　Food 语法的意大利语具体句法

linking . . . OK

当用 BNF 语法和 2.3 节中提到的后缀是. cf 的文件进行工作时,整个语法包含在一个文件中。而采用后缀是. gf 的文件时,语法可以被分成任意数量的模块。一般最少的数量是两个:一个抽象句法,一个具体句法。导入指令(import)只表示具体句法所依赖的其他所有模块会自动导入。模块喜欢被分别编译,即每个模块都被编译成了自己的. gfo 文件(GF 对象文件)内。在以后的编程中,只有那些文件已更改或被其他模块里的更改而影响了的. gf 源文件需要重新编译成为. gfo 文件。

2.7　在 GF 里翻译

因为现在有了多语言语法,我们可以使用 GF 命令解释程序进行翻译。首先,我们导入两个语法:

> import FoodEng. gf

> import FoodIta. gf

然后,通过管道进行翻译:

> p － lang = Eng "this wine is Italian" | l － lang = Ita

questo vino è italiano

> p – lang = Ita "quel pesce è molto caro" | l – lang = Eng

that fish is very expensive

句法分析和线性化中的 lang 标志将具体句法名称的最后三个字母作为其值,也是惯例上 3 个字母的 ISO 639-3 语言代码。也可使用完整的模块名称,如 – lang = FoodIta。

任何数量的具体句法可以同时存在于一个 GF 会话中,只要它们拥有相同的抽象句法。如果在一个指令中没有给出语言名称,所有语言都会被使用。因此,我们有多语种的随机生成:例如:

> gr | l

that delicious warm fish is fresh

quel pesce caldo delizioso è fresco

分析器同样试图找到范围内所有语言的树形图。

除了翻译,一个可以用多语种语法构建的简单的"终端用户应用程序"是翻译测验,指令是 tq = translation_quiz。测验将随机生成 from 参数指定的语言的语句,并翻译成 to 参数指定的语言。

> tq – from = Eng – to = Ita

Welcome to GF Translation Quiz. The quiz is over when

you have done at least 10 examples with at least 75 %

success.

∗ that wine is very boring

quel vino è molto noioso

Yes. Score 1/1

∗ that cheese is very warm

questo fromage è molto caldo

No , not questo fromage è molto caldo , but

  quel formaggio è molto caldo

Score 1/2

在命令解释程序里,当一个新的导入命令给出后,如果存在已导入的任何语法,那么导入的语法则被假定具有与已导入语法相同的抽象句法。如果要导入一个具有新的抽象句法的语法(包括仅仅是前一个抽象句法的扩展),就必须用命令 e = empty 来清空环境。

练习 2-5 用 FoodEng 和 FoodIta 尝试翻译和多语种生成。

2.8 语法模块结构

图 12 中的抽象句法模块,就像 GF 中的任何模块一样,有两个主要部分:

· 模块标题,显示模块类型(abstract)和模块名称(Food);

· 模块主体,由判断组成。

BNF 语法只有一种规则,而完整的 GF 有许多种规则,并基于不同的判断形式而分类。("判断"一词是逻辑框架里的标准,它是表示定义和声明的常见术语,可近似于"规则"一词。)图 12 中的模块 Food 中含有如下三类形式的判断:

· flags,标志定义,这里是标志 startcat,用于选择开始类,即在默认情况下进行解析和生成的类;

· cat,类声明,告知存在些什么类(树的各种类型);

· fun,函数声明,告知存在什么构建树的函数。

图 13 中的具体句法模块有一个模块标题,表明该模块类型是一个抽象句法 Food 的具体句法,模块名称为 FoodEng。其中有两种判断形式被使用:

· lincat,线性化类型定义,说明线性化对每个类别的树产生什么类型的对象。

· lin,线性化规则,表示树是如何线性化的。

如果一个具体句法包含如下内容,那么它对于一个抽象句法来说就是完整的。

· 对每个 cat 有一个 lincat,

· 对每个 fun 有一个 lin。

如果下列条件成立,则称之为良类型:

· 在 lincat 判断中使用的所有类型都是有效线性化类型,

· 所有线性化规则定义的是良类型函数。

其中,有效线性化类型包括 Str 类型,更多的类型将在第 3 章里介绍。在 lin 规则里的良类型函数是以线性化类型来定义的:如果,

$$\text{fun } f : A_1 \rightarrow \cdots \rightarrow A_n \rightarrow A$$

那么,

$$\text{lin } f\, x_1 \cdots x_n = t$$

假设每个 x_i 是线性化类型 A_i 的一个对象,那么 t 是线性化类型 A 的一个对象。引用的字符串文字("foo")就是 Str 类型,两个 Str 类型的级联(+ +)还是 Str 类型。

判断由分号终止。允许在后面的判断中共享关键词二进行缩写,例如,

$$\text{cat } C;\ D \equiv \text{cat } C;\ \text{cat } D$$

另一种缩写允许后面同一形式的判断中进行右手端分享:

$$\text{fun } f, g : A \equiv \text{fun } f : A; g : A$$

讨论 GF 时,我们用符号"≡"表示句法糖。因此,它不是 GF 语言的符号。一个表达形式 E 是 D 的句法糖,意思是说,在 E 被继续处理之前,它已被翻译成了 D。

每个判断引入了一个名称,它是判断中的第一个标识符。每个名称在同一个模块只能引入一次(即在作为判断中的第一个标识符时);而局部变量,如跟随在 lin 判断中引入的名称后面的变量,在其他判断中可以重复使用。

名称在模块的其余范围内是合法的,即在模块其他判断中是可用的(当然会受到类型限制)。一个模块中的判断顺序是自由的,尤其是,一个名称不必在使用前提前引入,并且同一形式的判断也不必放在一起。

除判断外,GF 文件还可能包含下列形式的注释:
- – – after two dashes, anything until a newline
- { – after left brace and dash, anything until dash and right brace – }。

2.9　BNF 语法的局限性

即使我们在标记的 BNF 格式中成功地编写了 FoodEng,但一般而言,我们不能够对 GF 语法执行此操作。当编写 FoodEng 的同时,我们足以用 FoodIta 来试验:我们失去了多语性的一个重要方面,即抽象句法不能预设任何成分的线性顺序。

总体而言,具体句法和抽象句法的分离,允许三种与上下文无关文法的背离:
- 排列:改变成分的顺序
- 阻止:省略成分
- 重复:重复成分

重复属性明显地表明了 GF 语法比 BNF 更强大:GF 可以定义副本语言{x x | x < - (a|b)＊},而这不是上下文无关的。此语法如图 15 所示。其中,术语"[ ]"代表空记号列表,也可由空字符串""表示。

其他属性与树有关,这些是语法与字符串相关的树。排列在多语言语法里非常重要,阻止在其树携带一些隐含信息的语法里被利用(见下一节)。用语言理论的术语来说,副本语言显示 GF 比上下文无关文法在弱生成能力方面更强大,即在定义字符串集的能力上更强大。阻止和重复与强生成能力,即定义树和字符串,而不仅仅是字符串之间关系的能力有关。因此,先限定(如在英语中)和后限定(如在意大利语中)都是规则,用于生成上下文无关的字符串集合,但

```
abstract CopyAbs = {
  cat S ; AB ;
  fun s   : AB -> S ;
        end : AB ;
        a,b : AB -> AB ;
}

concrete Copy of CopyAbs = {
  lincat S, AB = Str ;
  lin s x = x ++ x ;
        end = [] ;
        a x = "a" ++ x ;
        b x = "b" ++ x ;
}
```

图 15　GF 中的副本语言

字符串对无法由上下文无关文法生成,因为它们的先限定和后限定的树相同。

　　从语法工程角度来看,BNF 标记法也受到严重限制。它不支持模块、函数和参数,这些都是 GF 生产效率的核心,整本书都会展现这一点。我们将展示,GF 能够轻易地生成语法,比如说,10 行的 GF 代码相当于几百行的 BNF 代码。因此,BNF 明显的简洁,如果与 GF 相比,很快就会被 GF 的抽象机制所超越。

　　练习 2-6*　通过使用一个抽象句法和两个具体句法,定义一个逆向操作的 GF 语法。在具体句法间的翻译应该实现读取一串符号序列,并将其以相反的顺序返回。例如,将 a b c 翻成 c b a。

2.10　阻止和元变量

　　向 food 语法添加代词最简单的方式是将它们视作 Item 表达式。因为此处只处理有关食物的内容,不涉及人,所以,添加如下规则就足够了:

fun Pron : Item

lin Pron = "it"

但代词意味着什么? 一个粗浅的解释是,它们取代作为它们的参照物的其他名词短语。参照物通常是一个很短时间前用到的典型名词短语。因此,代词 it,在句子"This wine is Italian. It is very expensive."中指代 this wine。在 GF 中,表达这种语义的方法是将名词短语加入树的隐藏参数,即在抽象句法中出现,而在具体句法中被阻止的参数:

fun Pron : Item - > Item

lin Pron r = "it"

在线性化中受阻止的参数 r 表示代词的指示物,这对于代词的充分语义分析是必要的。在句法分析时,GF 为受阻止的参数返回元变量并用问号标识:

> parse "it is very expensive"

Pred (Pron ?) (Very Expensive)

这些元变量可以通过句法树进一步分析处理,如代词的指代消解。例如,当句法分析发生的语境里,其前一句 this wine is Italian,则元变量可能被实例化为 This Wine。实例化本身有时在 GF 里表现出来,这一点将在 6.10 节中展示;但也可以通过一个单独处理阶段实现,或在有些别的程序语言中使用第 7 章论述的技术来完成。

元变量的另一种应用是控制随机和穷尽生成。如果给这些指令一个带元变量的句法树作为参数,它们仅产生将这些元变量实例化后的树。于是,

> generate_random Pred (This ?) Italian

只生成格式为 this X is Italian 的树,这里 X 的类别为任意。同样,翻译测验(见 2.7 节)也可以用这样一个词作为参数,把测验范围限制到某一格式的树。

2.11　自由变异

GF 里有一个自由变异的概念:同一棵抽象句法树可以映射到几个具体句法对象上。算子"|"用于分离自由变异中的选择项。因此,在图 13 中的 Delicious 的英语线性化规则可以扩展为:

lin Delicious ＝ "delicious" | "exquisite" | "tasty"

而不用因此扩展抽象句法。所有这些词也可以变成图 14 中的定义意大利语 delizioso 的等值翻译。

在语言学里有一个共识,就是"根本没有自由变异"。这就是说,只要有两个表达式是不同的,那么它们就有意义的差别,或者至少存在着文体上的差异。换句话说,即使在大多数上下文中这些表达式是可以互换的,但并不是在所有的上下文中都是可以互换的。例如,英语的否定形式 do not 和 don't 通常可以互换,但它们确有文体上的差异,使得在某些上下文中,一个或是另一个是不合适的。因此,它们不是在所有方面都是可以自由变异的,只是在某些方面而已。

在 GF 中有一个应用语法是语义语法,正如在 1.7 节里所描述的,其中的语言是由抽象句法限定的抽象描述。如果 delicious 和 exquisite 在这个抽象层次上是等同的,那么即使它们可能会在其他一些方面有所不同,也可以视作变体。这种想法在涉及用户输入的应用系统中得到广泛应用,如在对话系统中(见 7.15 节)。比如说,询问从 X 地到 Y 地的火车票可以用多种方式表达,图 16 中的线性规则只定义了其中 14 个。提供可选择项使得系统更加容易使用,因为用户不

需要学习精确的措辞。为同一个抽象句法结构完善其自由变异选项可使实现系统的语义动作更加简单。这也使得提供不同的语言的多组替代表达式成为可能。

```
lin Ticket X Y =
  (((("I" ++ ("would like" | "want") ++ "to get" |
    ("may" | "can") ++ "I get" |
    "can you give me" |
    []) ++
      "a ticket") |
    []) ++
  "from" ++ X ++ "to" ++ Y ++
  ("please" | []) ;
```

图 16　询问从 X 地到 Y 地的车票的几个不同的方式

要正确理解图 16 中的例子,人们需要知道"|"比"++"的约束能力弱。

练习 2-7　写一条包含有图 16 中的规则和至少两个站名的语法。通过在 GF 中使用 −all 标志进行线性化,可以看到所有不同的替代表达式。添加更多的询问车票的方式,例如,I want to go from X to Y。

练习 2-8　为 Food 语法增加否定谓项,在英语中用 is not 或 isn't 表示,在意大利语中用 non è。

2.12　歧义

通过使用自由变异,由一棵树可以得到几个线性化结果。而相反方向则更为普遍:一个字符串可以有几棵树。这种现象被称为歧义。一个典型的歧义例子是 PP 附着成分。PP 是指介词短语,可以附加到一个句子或名词短语上,或者许多其他类型的表达式上。例如,with cheese 是一个介词短语,通过在 Food 语法上添加如下规则:

fun With :Kind – > Kind – > Kind ;

lin With kindl kind2 = kindl + + "with" + + kind2 ;

就会生成一个像 fish with cheese 的有用的表达式。然而,fish with cheese with wine 的表达式可能以两种方式生成,对应着不同的树。

With (With Fish Cheese) Wine

With Fish (With Cheese Wine)

GF 中是允许有歧义语法的,解析命令返回从一个字符串获得的所有的树。

不同的树在本质上有不同的语义:例如,在上面的第一棵树上,比起酒来,鱼与奶酪关系更加紧密。然而,如果 With 结构仅仅被看作是列表,这可能被视为伪歧义,应从语法中去除。这可以通过把 Kind 范畴分为两种来实现,其中一种为简单的表达式(不含 with),另一种是复杂的表达式(含 with)。于是规则被重写了:

fun With : Kind – > ComplexKind – > ComplexKind ;

其他的一些规则也应该相应地重写。

歧义可能与翻译相关,也可能不相关。例如,在意大利语中,With 结构有如下规则:

lin With kindl kind2 = kindl + + "con" + + kind2 ;

因此,它的歧义与英语完全相同。然而,在大多数情况下,不同的树被翻译得不同。举例来说,若语法中有这样的问题形式:do you want this wine,则这句话翻译成意大利语就有四种译文:vuoi questo vino (单数, 熟悉), vuole questo vino (单数, 敬语), volete questo vino (复数,熟悉),以及 vogliono questo vino (复数,敬语)。在法语中,有两种翻译(将最后三个合并成一个),而在德语中,有三种翻译(将第二个与第四个合并)。如果抽象句法是要作为这些语言可靠的中间媒介语,它需要为这些 you 的不同翻译提供不同的树。在一般情况下,歧义是不能够在一个独立的句子层面上解决的,只有在这个句子所在的更大的上下文中去分析。

练习 2-9　分别用歧义和非歧义的版本,将 with 结构增加到 Food 语法中。

练习 2-10[*]　在 Kind with ... with Kind 这样的表达式中,对于 2,3 和 4 个 with 的情况,分别有多少棵树?这一系列数字被称为卡塔兰数,它是在组合计数中常见的一种模式。要了解更多例子,请访问:http://en. wikipedia. org/wiki/Catalan_ number。

2.13　剩余问题

从 BNF 跨入 GF,我们得到了两样东西。首先,我们现在能够在有着不同语序的语言之间共享一个抽象句法。其次,我们有更强的表现力,甚至在语言理论上也如此:我们可以定义那些任何上下文无关文法都无法定义的字段。但我们尚未介绍完整的 GF,而且我们还有一些剩余问题,这将促进对 GF 的进一步介绍。

当我们试图用一些新词扩展 Food 语法时,最明显的问题出现了。如果我们想在意大利语法中引入名词 pizza,就会面临名词的性的问题。在意大利语中,名词和形容词都有性:阴性和阳性。幸运的是,到目前为止,所引用的名词都是阳性。但 pizza(在意大利语中与在英语中是同样的词)在意大利语中是阴性的。阴性名词需要与阴性形容词搭配,即保持一致。因此,句子 this Italian pizza is delicious,如果用意大利语表示,就必须是 questa pizza italiana e deliziosa,但是,用目前的语法则会生成 questo pizza italiano e delizioso。由于性是与具体语言相关的特征,因此我们希望在意大利语具体句法中引入它,但不改变抽象句法和英语的具体句法。

即使我们只想要把现有的 Food 语法移植到如德语之类的新语言上,也会发生类似意大利语词性这样的问题。大多数语言有形态差别,即使在最小的语言片段中也如此,这需要一个比目前介绍的 GF 片段更强大的语法形式。我们可以称当前的片段为基于字符串的语法。这意味着所有的线性化类型(lincat)被定义为 Str。基于字符串的 GF 语法比上下文无关语法更强大,但仍然不能达到我们真正想要的表现力。

我们需要做的是,将这些字符串概括成更复杂的数据结构。如果读者急于想知道这些内容,可以直接阅读第 3 章。而对实际编程问题有兴趣的读者可以首先阅读本章剩余的三个部分。

练习 2-11 (这是 2.5 节的习题的变体,允许不同语言之间的翻译。)为你喜欢的语言编写一个 Food 的具体句法。使用随机生成,看看它会变得多么正确。请不要在意由于性和其他相关事项而造成的不合语法的句子。

2.14 图示形象化和命令行解释器转义

GF 有几个基于图形的形象化命令,可由 Graphviz 工具(所想即所得画图工具)完成(下载请至 http://www. graphviz. org/)。抽象句法树就是由其中一个建立的,这时使用了 vt = visualize_tree 命令。如果你简单地执行:

> parse "this cheese is very expensive" | vt

GF 会显示几行 graphviz 编码,你不一定能够读懂。但是,你可以用指令 wf = write_file 将编码保存在文件里,并将文件名称作为标志。该文件的扩展名应是. dot:

> parse "this. . . " | vt | wf – file = tree. dot

这个 tree. dot 文件可以由 graphviz 命令 dot. 进一步处理。你可以先退出 GF,再执行该命令;但使用以下方式更加适合实际操作的情况:使用前缀"!",即所谓命令行解释器转义符,在 GF 内部执行命令行解释器的命令:

> ! dot – Tpng tree. dot >tree. png

现在你已经创建了一个. png 文件,你可以在可视程序中,例如在一个网页浏览器里打开它;你也可以使用命令行解释器的命令来打开,比如用 Mac OS X 系统里的 open 或 Ubuntu Linux 系统里的 eog 打开,如下:

> ! open tree. png

一个有着漂亮的抽象句法树的窗口将会弹出,类似于图 10(a)所见的那样。如果你不想保存.dot 和.png 文件(为了给本书做说明,我们保存了),你可以将 PNG 浏览命令作为标志发给 vt 命令:

> parse "this cheese is boring" | vt – view = open

如此一来,一些隐藏的临时文件被编写出来,而显示树的窗口直接弹出。

命令 vp = visualize_parse 与 vt 的使用方式相同。vp 命令展示如图 10(b)所示的解析树。命令 vd = visualize_dependency 展示依存关系树,后者由词语间的链接所组成,其部分地被抽象树结构所限定。由 GF 生成的默认依存不总是最优的,但是它们可以很容易地被配置文件所改变,如附录 E 所解释的。

还有,另一个基于图像的可视化应用是词对齐,由命令 aw = align_words 发起。

> p "this Italian wine is very expensive" ｜ aw

这生成了如图 17 所示的图。其中的算法运用了句法树和它两种(或更多的)语言的线性化。这产生了词语之间的一个联系,它的最小的覆盖子树是相同的。该算法很通用,能够处理交叉和多对一联系。与句法树一样,词对齐的图可通过使用选项 – view 立即显示。

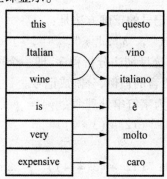

图 17　用图形方式给出的词对齐

GF 里可视化的另一个用途是依存图,这将在第 4.10 节中进行讲解。

除了系统命令转义符"!"之外,GF 命令行解释器也提供系统管道转义符"?"。转义命令从 GF 管道中接收输入的信息。从而,

> gr ｜ l ｜ ? wc – c

会计算出随机生成的字符串的字数,而

> gr ｜ l ｜ ? espeak – f

会向语音合成器 espeak 发送字符串。若安装了 espeak,则可通过扬声器播放。其他语音合成器,例如 festival 和 flite,也能以同样的方式调用。

练习 2-12　通过使用 2.9 节练习中的逆序语法,为一个长度为 10 个词的字

符串建立一个词对齐的视图。

练习 2-13　如果一种语言中的一个词被翻译为另一种语言中的多词短语，观察词对齐会发生什么变化。首先编写一个展示这一情况的语法。

2.15　词法分析和反词法分析

GF 中句法分析的输入不只是一个字符串，而是记号的列表。在默认情况下，通过把字符串分析为单词，即由空格分隔开来的小块，就得到一个记号列表。因此，例如

"(12 +(3 * 4))"

被分割成一些记号

"(12", " +", "(3", " *", "4))"

然后，句法分析器尽力在语法中出现的记号里寻找每一个记号，也就是在能以线性化形式出现的字符串中寻找。然而，对于像在 8.1 节中所定义的计算表达式的正常语法，将只会在其记号中找到"＋"和"＊"记号，因此，句法分析会失败。

将以上字符串分割成记号的正确方法是：

"(", "12", " +", "(", "3", " *", "4", ")", ")"

因此，GF 有个方法来选择词法分析程序，即一个可以把字符串以某种想要的方式，如遵循某种编程语言的惯例，分割成记号。

词法分析程序可以作为字符串处理命令 ps = put_string 的选项给出：

> put_string − lexcode "(12 +(3 * 4))"

(12 + (3 * 4))

> put_string − lexcode "(12 +(3 * 4))" │ parse

EPlus(EInt12)(ETimes (EInt3)(EInt4))

（这遵循了 8.1 节中所定义的语法。）反过来的问题，即在线性化后得到正确的空格，可由一个反词法分析程序解决，它能以某种想要的方式将记号组成字符串。

> put_string − unlexcode "(12 + (3 * 4))"

(12 + (3 * 4))

图 18 显示了 GF 命令解释程序中一些可用的词法分析程序和反词法分析程序。

练习 2-14*　改写 2.9 节练习的逆序语法，使其可以与对由字母 a 到 z 组成的无空格字符串进行操作，例如将"abcdef ghi"转换成"ihgf edcba"。

练习 2-15*　编写一个如同 1.5 节中描述的那种编译器，可将加法表达式

lexer	description
words	(default) tokens as separated by spaces or newlines
chars	treat each character as a token
lexcode	lex as program code (uses Haskell's lex)
lextext	use conventions on punctuation and capital letters

unlexer	description
unwords	(default) separate tokens by spaces
unchars	glue tokens together without spaces
unlexcode	format as code: spacing
unlextext	format as text: punctuation, capitals

图 18　GF 命令解释程序中一些可用的词法分析程序和反词法分析程序

翻译为 JVM 汇编程序。具有两个整数常数就可以了。你能使用括号强制(像在"(2+3)"的表达中一样)或者一并省去。后面这个选择可以使表达式有歧义,也可以假定有某种形式的优先级。第 8 章会将这个编译器计划进一步提升。

2.16　字符编码

作为一个多语言语法形式,GF 得支持需要不同字符集的各种编写系统。最简单的字符集 ASCII,除了英语以外,几乎不能用于其他语言。许多欧洲语言能够用 iso-latin-1 来编写,它提供带有各种区别符(如 ä, é, ñ)的 ASCII 字母。但对许多语言而言,则需要 Unicode(统一码才行)。因此,GF 中的字符串内部是一串每个均由 32 位组成的统一码。这就是 GF 语法可为阿拉伯语、汉语、希腊语、希伯来语、印度语、日语、俄语、泰卢固语、泰语和其他不同书写系统下的多种语言工作的方法。

为了使 32 位统一码字母能够读写,需要使用不同的字符编码。许多文本编辑器、终端和网络浏览器等都支持 UTF-8(统一码转换格式),即通过 8 位字母的可变长序列编写统一码。所有由 GF 生成的文件(如 .gfo 对象文件)均是用 UTF-8 编码。同样,GF 命令解释程序里的输入和输出也默认使用 UTF-8。

.gf 源文件的默认编码不是 UTF-8,而是 iso-latin-1。这意味着编辑器把源文件假定为 iso-latin-1,并解码为统一码。生成的文件总是以 UTF-8 进行编码。当文件被读回到 GF 时,进行 UTF-8 解码工作。

然而,因为 iso-latin-1 不能满足多语言的需要,就需要用其他编码方法来编写源文件。最流行的选择是 UTF-8。但必须告知编译器编码方法不是 iso-latin-1。这可在源模块中由如下标志来表示:

flagscoding = utf8 ;

其他可用的编码方式能够通过 help set_encoding 找到。但是,UTF-8 可以满

```
concrete FoodHin of Food = {
  flags coding = utf8 ;
  lincat Comment, Item, Kind, Quality = Str ;
  lin
    Pred item quality = item ++ quality ++ "है" ;
    This kind = "यह" ++ kind ;
    That kind = "वह" ++ kind ;
    Mod quality kind = quality ++ kind ;
    Wine = "मदिरा" ;
    Cheese = "पनीर" ;
    Fish = "मछली" ;
    Very quality = "अति" ++ quality ;
    Fresh = "ताज़ा" ;
    Warm = "गरम" ;
    Italian = "इटली" ;
    Expensive = "बहुमूल्य" ;
    Delicious = "स्वादिष्ट" ;
    Boring = "अरुचिकर" ;
}
```

图 19　一个用 UTF-8 编码的(简化示意的)印度语语法(从 Vikash Rauniyar 的代码改造而来)

足大多数情况。图 19 显示了一个 Food 的印度语语法(这个语法从语言学角度看不是完全正确的,因为它没有做到性的一致)。

　　作为 UTF-8 的替代品,非 ASCII 字符集能够由直译,即在统一码字符和 ASCII 字符(也可能是两个 ASCII 字符的字符串)之间一对一的对应来实现。例如,图 19 中的印度语 Fish,在 GF 中用一个标准梵文字母直译,表示为"maClI"。10.6 节解释了在 GF 里如何应用直译,以及你如何定义自己的直译。如果可用的工具不能正确显示 UTF-8 字符,直译就很实用。例如,这种情况可能发生在你最喜欢的文本编辑器上或者 Windows 终端上。

第 3 章　参数、表格和记录

本章将基于字符串的 GF 语法推广为带数据结构的语法，从而完整呈现出在具体句法里究竟能做什么。本章将涵盖以下内容：

· 形态变异
· 变量特征和固有特征
· 一致
· 参数、表格和记录
· 模式匹配
· 线性化类型中的数据结构
· GF 中通过运算定义的函数编程
· 非连续成分

3.1　形态变异问题

在英语中，名词（如 wine）由于数的不同会产生词形变化，会有单数（wine）或复数（wines）的形式。名词的数与限定词保持一致，例如 this 与单数名词搭配，而 these 与复数名词搭配。当由此所组成的名词短语在句子中充当主语时，动词与名词短语的数保持一致。

this wine is Italian

these wines are Italian

数的一致在理论上可用 BNF 语法表示：只需复制与单复数形式相关的类和规则即可。因此，图 8 中语法的开头变为：

Comment : : = Item_Sg "is" Quality

Comment : : = Item_Pl "are" Quality

Item_Sg　: : = "this" Kind_Sg

Item_Pl　: : = "these" Kind_Pl

在意大利语中，单复数规则的数目是英语的两倍，这是由于性（阴性和阳性）也被列入了计算的范围。于是：

Comment : : = Item_Sg_Masc "è" Quality_Sg_Masc

Comment : : = Item_Sg_Fem "è" Quality_Sg_Fem

Comment : : = Item_Pl_Masc "sono" Quality_Pl_Masc

Comment ∷= Item_Pl_Fem "sono" Quality_Pl_Fem

当然,这种写法很乏味。为了避免这种情况,可把后缀 _Sg 和 _Masc 等当做类的参数。如此一来,类不再是原子标识符,而是有了一个包括类和参数列表的结构。下一步是在参数列表里允许用变量。用这样的表示法,意大利语的谓项规则可由 4 项简化为 2 项,即:

Comment ∷= Item(Sg,g) "è" Quality(Sg,g)

Comment ∷= Item(Pl,g) "sono" Quality(Pl,g)

在意大利语的限定规则中这么做的优势更加明显,4 项规则可简化为 1 项,如下:

Kind(n,g) ∷= Kind(n,g) Quality(n,g)

实际上,使用带参数的类就发生在合一语法中。以上规则可用定子句文法表示,尽管在 Prolog 编程语言里,通常表示它们的语法看上去会有些不同。

使用参数也是 GF 提供的用于处理一致问题解决方法。既然我们已经把 BNF 规则分为抽象句法组件和具体句法组件,我们就要选择参数属于哪一个组件。仅仅看一下上面带参数注释的 BNF 就可知,参数属于抽象句法,因为根据 2.6 节的抽象句法函数类型,参数是类的一部分,自然也是类骨架的一部分。通过使用依存类型,这在技术上甚至是可行的,这将在 6.3 节中介绍。然而,既然我们已经决定保持抽象句法的语言中立,它就不是参数的合适位置,因为不同的语言使用不同的参数。因此,本章将展示参数在具体句法中是如何使用的,事实上,这是在 GF 中处理参数的标准方法。

3.2 参数和表格

参数,像 GF 中的其他成分一样,是一些类型的对象。这些类型被语法学家在具体句法中进行了定义。为此目的,一种特殊判断形式——参数类型定义被使用。

一个例子是:类型 Number 的定义,其包含两个值, 即 Sg 和 Pl:

param Number = Sg | Pl

参数类型可用于表格类型,例如:

Number => Str

读作:"从数到字符串的表格"。表格类型是 GF 用来使词形变化表形式化的方法,可使一个特定的参数类型的每个值被赋予一个字符串,即一个词形形式。一个非常简单的词形变化表是意大利语中的名词 pizza:

number	form
singular	pizza
plural	pizza

在 GF 中，此表格可表示为下面的形式：

table ｛Sg ＝＞"pizza"；Pl ＝＞"pizze"｝

其类型是 Number ＝＞ Str。

要获得表格中的值，要使用选择算符"！"。例如：

table ｛Sg ＝＞"pizza"；Pl ＝＞"pizze"｝！Pl

计算结果为字符串"pizze"。注意：选择与函数应用是以同样的方式工作的；实际上，表格亦可称为有限函数。另外，箭头符号"＝＞"表明了其与函数类型的相似性。

为表示计算的关系，我们将使用符号：

$$t \Downarrow v$$

来表示表达式 t 被计算为 v。因此，可以写为：

table ｛Sg ＝＞"pizza"；Pl ＝＞"pizze"｝！Pl ⇓ "pizze"

符号"⇓"并不是 GF 的符号，但可用于表述 GF，正如 2.8 节中的句法糖符号"≡"一样。

带有多个参数的表达式，例如意大利语的形容词，可用表格表示，这些表格是从一种特征到下一个特征，持续不断，直到字符串结束为止。因此，意大利语的形容词就有如下类型的词形变化表：

Gender ＝＞ Number ＝＞ Str

这里，类型 Gender 被定义为：

param Gender ＝ Masc | Fem

形容词 caldo（"warm"）的词形变化可表示为：

table ｛

　　Masc ＝＞ table ｛Sg ＝＞"caldo"；Pl ＝＞"caldi"｝；

　　Fem ＝＞ table ｛Sg ＝＞"calda"；Pl ＝＞"calde"｝

　　｝

表格中被分号分开的部分称为分支。每一分支包含一个模式、一个双箭头"＝＞"和一个把值赋予模式的术语。没有必要把所有的参数 – 值配对都放在分开的分枝中，可在模式中使用变量把分支压缩。模式匹配随后进行选择计算。常数模式匹配是自身的，变量与之前分支中还未匹配的部分进行模式匹配。于是：

table ｛g ＝＞ table ｛Sg ＝＞"grave"；Pl ＝＞"gravi"｝｝

是形容词 grave("重的")的表格,其阴、阳性词形变化相同。既然在赋值时没有用到变量 g,就可以用通配符"_"替换它:

table {_ = > table {Sg => "grave" ; Pl => "gravi"}}

只有一个分支的表格是常见的特殊情况。为了编写简洁,GF 提供了句法糖:

\\p, ... ,q = > t ≡ table {p => ... table {q => t} ... }

这种带双反斜线"\\"的表示法与带有单反斜线"\"的拉姆达抽象相类似(见 3.3 节),就如同双箭头" = >"表示表格,单箭头" – >"表示函数一样。

练习 3-1　有 True 和 False 两值的类型 Bool 在所有编程中都是非常有用的参数类型,也经常在语法中被使用。定义此类型,并编写类型为 Bool = > Bool = > Bool 的表格,用于计算任意两个 Bool 值的合取与选择。

3.3　变量特征与固有特征

英语和意大利语中的名词均有单、复数形式:即同一个名词同时有单数和复数两种表示形式。因此,我们说数是名词的变量特征。但是,意大利语中的性(与其他语言里的一样)与名词以不同的形式相关联:一个名词或是阴性,或是阳性,而不会既是阴性,又是阳性。因此,我们说性是意大利语名词的固有特征。

变量特征与固有特征的区别反映在词典中单词的表示方式上。例如,一条词典条目:pizza 可能看上去是这样的:

pizza, pl. pizze: n. f.

换句话说,pizza 是阴性名词(n. f.),其复数形式(pl.)是 pizze。

变量特征和固有特征通过一致机制相互关联。在一致关系中,一个单词的变量特征由另一个单词的固有特征决定。例如,修饰名词的形容词,该形容词的变量性是由名词的固有性所决定。因此,一致并不是对称的,即形容词要与名词一致,而不是名词要与形容词一致。

我们将马上看到变量特征、固有特征和一致是怎样在 GF 中被形式化的。而对于熟悉合一语法的读者,我们只需要指出,在那些语法中只有一种特征,因此一致是对称的,即形容词限定的两部分都以绝对同样的方式获得它们的特征,像如下规则所示:

Kind(n,g) ::= Kind(n,g) Quality(n,g)

这种对称也反映在了语法中引入单词的方式上。例如,单词 pizza 有两个词条:

Noun(Sg,Fem) ::= "pizza"

Noun(Pl,Fem) ::= "pizze"

这并没有清楚说明 pizza 是固有阴性的,它只是缺少阳性形式而已。实际上,这些规则甚至并没有说 pizza 和 pizze 这两个形式是相互从属的。完全由语法学家来决定是否补充信息:这两个词形的抽象句法树或更普遍的语义值是相同的或是相关的。

3.4　记录与记录类型

记录是一种数据结构,它把可能是不同类型的对象聚集在一起。例如,

$\{s = \text{"these"} ; n = Pl\}$

就是一条包含了字符串"these"和数 Pl 的记录。而下面这条记录:

$\{s = \text{table} \{Sg => \text{"pizza"} ; Pl => \text{"pizze"}\} ; g = Fem\}$

则包含从数到字符串的表格和性。GF 中的记录用于保存属于具体句法表达式的所有信息。尤其是,固有特征被表示为参数值保存于记录中,正如上面的例子所示。相反,变量特征则作为表格的参数出现。

正如 GF 中的其他任何对象一样,记录也有类型,被称为记录类型。以上两个记录的类型分别是:

$\{s : Str ; n : Number\}$

$\{s : Number => Str ; g : Gender\}$

记录与记录类型在表示法上的不同之处在于:记录类型使用":"(正如在所有类型说明中那样),而记录使用"="(正如在所有值定义中那样)。

冒号和等号左边的标识符称为标记。记录和记录类型的每个包含一个标记和它的值或类型的部分,被称为一个域。

要访问记录中的值,需要使用投射算子".",并把标记作为第二个运算对象。从而:

$\{s = \text{"these"} ; n = Pl\}.n \Downarrow Pl$

典型地,与选择结合在一起,则如:

$\{s = \text{table} \{Sg => \text{"zia"} ; Pl => \text{"zie"}\} ; g = Fem\}.s ! Sg$
$$\Downarrow \text{"zia"}$$

(意大利语 zia 的意思是"阿姨")

3.5　线性化类型与一致

通过使用表格对变量特征进行编码,以及使用记录对固定特征进行编码,我们可以在具体句法里分别对每种语言的词形变化和一致进行精确地处理。首先影响的是类的线性化类型。然后,线性化规则会对线性化类型进行类型检查。

从英语开始,我们把下列线性化类型赋予给 Food 语法中的类(完整的代码见图 21):

```
lincat
    Comment  = {s : Str} ;
    Item     = {s : Str ; n : Number} ;
    Kind     = {s : Number = > Str} ;
    Quality  = {s : Str} ;
```

我们把记录{s :Str},替代原来的普通的字符串作为最简单的类型使用。这在 GF 编程中是个好习惯,因为这样做会使之后在对线性化类型添加信息时,修改代码会更容易。

现在,一些合成规则几乎可以自写代码了:

```
lin
    This kind = {s = kind. s ! Sg ; n = Sg} ;
    Mod qual kind =
        {s = table {n = > qual. s + + kind. s ! n}} ;
```

要注意的是,模式变量 n 位于修饰规则分支的右侧。该规则的特点可概述为:限定时形成的名词的变量数可传递到被修饰的名词。

谓项规则更加复杂些,但它仍可用我们现有的方法来表示。

```
lin Pred item qual  = {
    s = item. s + +
        table {Sg = > "is" ; Pl = > "are"} ! item. n + +
        qual. s
    } ;
```

实际上,中间这段是动词 be,被表示为从数到字符串的表格,并受到主语的数的影响。

对于有性的概念的意大利语,线性化类型又更复杂些。名词短语和名词都有固有的性。此外,形容词也会因数和性发生词形变化。

```
lincat
    Comment  = {s : Str} ;
    Item     = {s : Str ; g : Gender ; n : Number} ;
    Kind     = {s : Number = > Str ; g : Gender} ;
    Quality  = {s : Gender = > Number = > Str} ;
```

其合成规则也比较直接,虽然比英语更为复杂。例如,修饰时,固有的性从被修饰的名词继承而来,也被传递到修饰它的形容词上。

```
lin Mod qual kind  = {
```

```
s = table {n = > kind.s + + qual.s ! kind.g ! n}
g = kind.g
} ;
```

意大利语的完整代码可见第 4 章的图 24。在继续对意大利语的语法讨论之前,我们需要更加仔细地考察一下意大利语和英语的词法规则。我们也将介绍更有效的编写语法的方法。

词法规则很容易定义,例如,

```
lin
   Wine = {s = table {Sg = > "wine" ; Pl = > "wines"}} ;
   Cheese =
      {s = table {Sg = > "cheese" ; Pl = > "cheeses"}} ;
   Fish = {s = \\_ = > "fish"} ;
```

但写起来冗长乏味,而且意大利语中的形容词会变得更加繁琐,如:

```
lin Warm = {
   s = table {
      Masc = > table {Sg = > "caldo" ; Pl = > "caldi"} ;
      Fem = > table {Sg = > "calda" ; Pl = > "calde"}
   }
} ;
```

我们不愿为所有的单词写这样的表格,我们宁愿使用词形变化规则,使得我们能够确定词形变化表格,而且比完整表格少很多代码。要做到这一点,我们需要使用函数编程。

3.6　GF 中的函数编程:运算定义

有一种定义意大利语形容词 delizioso、italiano 等的线性化方法是复制和粘贴前文中 caldo 一词的规则,并在需要的每个新词里改变形容词的词干。这种复制与粘贴完全是机械的,因此,机器可能会比程序员表现得更出色,因为程序员可能会遗漏或打错内容。这种机器的软件实现是一个函数:它是一个以确定的方法从输入产生输出的通用规则。这就是函数编程的金科玉律:

当你发现自己正在通过复制和粘贴编程时,就去定义一个函数代之。

大部分编程语言有一些函数概念,但函数编程语言的特点是:几乎任何复制和粘贴都可用函数实现。

GF 是有着两种方式的函数编程语言。我们已经看到,抽象句法是一个用关键词 fun 做标记的树状函数系统。这些函数比较特殊,而且很有限。在函数编程里,它们被称为构造函数,是用来构造树的,而不是用来运算的(然而,我们稍后会在 6.11 节里更多地探讨 fun 函数,这将对该观点进行修正)。这里,我们将介绍具体句法中的函数,它由一种新形式的判断:运算定义(oper)所定义。为了清楚区分,在 oper 定义里定义的函数通常称为运算。

运算就像任何(有类型的)函数编程语言中的函数:有名字、类型和定义表达式。用 oper 判断的一般形式表示,即:

$$\text{oper } f : t = e$$

这儿有一个定义英语名词的词形变化规则的运算的例子:

oper regNoun : Str – > {s : Number = > Str} =

  \word – > {s = table {Sg = > word ; Pl = > word + "s"}} ;

该运算的名字叫 regNoun。它的类型从字符串到记录来线性化英语名词的函数相同。它的定义是函数编程的特征标志之一:拉姆达抽象。一般说来,拉姆达抽象是一种如下形式的表达式:

$$\x – > t$$

它是一个可被一个参数调用的函数,并且可以通过用 t 替代参数 x 进行运算。因此,在定义 regNoun 的拉姆达抽象里,变量 word 可以被替换为字符串"wine"。结果就是记录:

{s = table {Sg = > "wine" ; Pl = > "wine" + "s"}}

这里,还需要解释单加号" +"。在 GF 里的单加号是胶合运算符,可以把两个记号连接在一起。因此,表达式"wine" + "s" 就可以被进一步计算,得到记号"wines"。

把两个记号合并为一个记号的单加号" +"不同于双加号" ++",双加号" ++"可以把两个记号列表合并成一个记号列表,其运算域仍为分开的记号。这通常可在最终生成的字符串的空格里看到。

· "foo" + "bar" ⇓ "foobar"

· "foo" + + "bar" ⇓ "foo bar"

但是,空格最后是由词法分析程序和反词法分析程序确定的,它们把字符串与记号列表相连,见 2.15 节。因此,记号并不总是由空格来划界。

通过 regNoun 运算,我们现在可以简化定义在 Food 中的一些英语名词:

lin Wine = regNoun "wine" ;

lin Cheese = regNoun "cheese" ;

这的确是我们在函数编程时要追求的编程风格:大多数代码都被编写成对拉姆达抽象定义的函数调用。只能在这些函数的定义里才能看到表格和记录。在理想情况下,所有这些函数都在函数库里被定义。

函数常带不止一个参数,这时就需要多重拉姆达抽象。反复的抽象可以被

缩写为带几个变量的单个拉姆达,如:

$$\backslash x_1, \ldots, x_n -> t \equiv \backslash x_1 -> \ldots -> \backslash x_n -> t$$

但是,为什么把拉姆达抽象叫做"拉姆达"? 在它们原来的数理逻辑环境中,用希腊字母 λ(拉姆达),替代"\"。而用"\"来代替拉姆达是函数语言中常见的 ASCII 表示法,例如在 Haskell 里就如此。

练习 3-2　继续 3.2 节的练习,把 Bool 型的"and"(逻辑与)和"or"(逻辑或)定义为类型 Bool -> Bool -> Bool 的 opers。

练习 3-3　定义一些其他的词形变化函数,例如对英语名词类型 fly – flies,以及意大利名词类型 vino – vini 等进行词形变化的函数。这些函数的预期参数是什么?

3.7　Food 语法的再探讨

现在,我们可以呈现一个更大的注释食物的语法,以由 these 和 those,以及名词 pizza 构成的复数名词短语为特征。图 20 中展示的 Foods 的抽象句法,在其他方面与前一章讲的 Food 相类似。

```
abstract Foods = {
flags startcat = Comment ;
cat
  Comment ; Item ; Kind ; Quality ;
fun
  Pred : Item -> Quality -> Comment ;
  This, That, These, Those : Kind -> Item ;
  Mod : Quality -> Kind -> Kind ;
  Wine, Cheese, Fish, Pizza : Kind ;
  Very : Quality -> Quality ;
  Fresh, Warm, Italian,
    Expensive, Delicious, Boring : Quality ;
}
```

图 20　引入复数名词短语的抽象句法 Foods

我们也想在前面讨论的基础上,给出一个英语的具体句法(见图 21)。我们已经使用 oper 定义使得语法更清晰、更模块化。因此,我们就动词 be 引入了一个运算,根据语言学的惯例,称其为 copula。我们也通过提供运算 noun 和 adj,移除了词法规则中所有表格和记录的显性使用;这就稍微缩短了代码,但也使其更加健壮,因为我们现在能够在改变 Kind 和 Quality 的线性化类型时,不用改变所有的词法规则(见 4.2 节)。

```
concrete FoodsEng of Foods = {
  lincat
    Comment, Quality = {s : Str} ;
    Kind = {s : Number => Str} ;
    Item = {s : Str ; n : Number} ;
  lin
    Pred item quality =
      {s = item.s ++ copula ! item.n ++ quality.s} ;
    This = det Sg "this" ;
    That = det Sg "that" ;
    These = det Pl "these" ;
    Those = det Pl "those" ;
    Mod quality kind =
      {s = \\n => quality.s ++ kind.s ! n} ;
    Wine = regNoun "wine" ;
    Cheese = regNoun "cheese" ;
    Fish = noun "fish" "fish" ;
    Pizza = regNoun "pizza" ;
    Very a = {s = "very" ++ a.s} ;
    Fresh = adj "fresh" ;
    Warm = adj "warm" ;
    Italian = adj "Italian" ;
    Expensive = adj "expensive" ;
    Delicious = adj "delicious" ;
    Boring = adj "boring" ;
  param
    Number = Sg | Pl ;
  oper
    det : Number -> Str ->
      {s : Number => Str} -> {s : Str ; n : Number} =
        \n,det,noun -> {s = det ++ noun.s ! n ; n = n} ;
    noun : Str -> Str -> {s : Number => Str} =
      \man,men -> {s = table {Sg => man ; Pl => men}} ;
    regNoun : Str -> {s : Number => Str} =
      \car -> noun car (car + "s") ;
    adj : Str -> {s : Str} =
      \cold -> {s = cold} ;
    copula : Number => Str =
      table {Sg => "is" ; Pl => "are"} ;
}
```

图 21　Foods 的英语具体句法

　　作为语言学上最精巧的想法,我们通过 det 运算刻画了带限定词的名词短语的一般构成模式。如果没有该运算,我们会有 4 个类似如下的 lin 规则:

lin This kind = {s = "this" + + kind. s ! Sg ; n = Sg}

该规则只有一行；但是，在意大利语中，用同样的方法，我们可以省去数行，因为涉及了性的一致。这个规则也可被视为把限定词本身作为一个类进行处理的步骤之一，这将在 5.3 节里介绍。

3.8 在 GF 里测试词形变化和运算

当开发一个语法时，分开测试词形变化是很有用的。可以通过在 linearize 指令中使用标志 – table 来实现，表格的所有分支会显示出来（以及所有带标记的记录域也会显示）：

Foods > linearize – table Wine

s Sg : wine

s Pl : wines

也可以通过指令 compute_conerete = cc 来测试任意术语。因为计算使用到 oper 运算的定义，而这些定义通常在编译的过程中会被丢弃，所以 import 指令必须使用标志 – retain 来保留这些运算。因此，我们可以这样做：

> compute_concrete (regNoun "wine"). s ! Pl

"wines"

3.9 部分调用

图 21 中出现的规则，

lin This = det Sg "this"

可以被等价地写成：

lin This kind = det Sg "this" kind

但是，变量作为最后一项出现在规则左右两边是没有必要的。这不是一个特例，而是一个部分调用的实例。一个函数的部分调用

$$f : A \to B \to C$$

是只对第一个参数进行函数调用；因此，所得到的式子本身是一个在剩余参数类型上的函数：

$$f\,a : B \to C$$

现在，一个如下形式的线性化规则：

$$\lin f x_1 \ldots x_n = t$$

实际上是用拉姆达抽象定义的一个函数的缩写，

$$\lin f = \backslash x_1, \ldots, x_n \to t$$

重要的是,右手边是一个从 f 的参数类型的线性化类型到其值类型的线性化类型的函数。该函数无需被当作一个完整的拉姆达抽象给出:任何一个表示类型正确的函数表达式都是可用的。

在函数编程中,在可能的情况下却不使用部分调用通常被看作是不聪明的做法。在设计函数类型时尽可能多地使用部分调用是编程艺术的一部分。例如,如果图 21 里的 det 类型的参数类型按照不同的顺序排列,如下:

$$\{s : Number = > Str\} \ - > \ Number \ - > \ Str \ - >$$
$$\{s : Str \ ; \ n : Number\}$$

我们就不能在语法里使用部分调用,因为那样会使代码更加繁冗。

3.10 非连续成分

目前所展示的线性化类型(lincat)的一般形式是以下形式的记录类型

$$\{s : P \rightarrow Str \ ; \ q : Q \ \}$$

其中 P 代表变量特征,Q 代表固有特征;通过使用代数数据类型构造函数或者记录,这种形式实际上适用于任意多个变量特征和固有特征,如 4.11 节所示。关键的限制是,在该记录中,只有一个值为字符串的域,即域 s。然而,在 GF 中实际根本没有这样的限制:线性化可以是任何字符串、参数、表格和记录的组合。

使用许多字符串的记录可以为非连续成分建模。顾名思义,非连续成分是指一个成分(比如:与一个子树对应的一个表达式的一部分),它由几个字符串组成,它们之间可以用其他字符串隔开。一个典型的例子是,在许多语言包括英语中的动词短语。动词短语(VP)出现在大多数广为人知的语言学句法规则里,

S : : = NP VP

这条规则表明:一个句子(S)可以由一个名词短语(NP)和一个动词短语(VP)组成。像 "this wine is expensive" 这样的句子,就是以这样的形式构成的:this wine 是名词短语 is expensive 是动词短语。动词短语也包括 "John walks" 里的 walks,"John loves Mary" 里的 loves Mary 等。NP-VP 格式包括了很多句子的类型。我们将在 5.15 节里看到,它是在语言学的资源语法里使用的分析方法,与我们迄今为止所构建的语义语法相左。

但是,问句的句法是怎样的呢?例如 "Is this wine delicious?" 或 "Does John love Mary?" 如果我们也想辨别它们中的动词短语,那么它肯定是非连续的:is - delicious 和 does - love Mary。因为在资源语法中,我们想制定一套普遍适用的规则来构建问句和陈述句中的动词短语,我们必须使用包含有 2 个字符串的记录:一个是动词的,一个是补语的。

图 22 展示了一个最小的语法,它由非连续动词短语组成的陈述句和问句构

成。它用到了从句的 Cl 类,以抽象表示出来的句子,确定它们是作为陈述句使用,还是作为疑问句使用。因此,它的线性化是建立在这些可能的句子形式上的一个表格,用 SForm 参数类型编码。

```
abstract Discont = {
  cat
    S ; Cl ; NP ; VP ; AP ;
  fun
    DeclCl  : Cl -> S ;
    QuestCl : Cl -> S ;
    PredVP  : NP -> VP -> Cl ;
    CompAP  : AP -> VP ;
    John : NP ;
    Old : AP ;
}

concrete DiscontEng of Discont = {
  param
    SForm = SDecl | SQuest ;
  lincat
    S, NP, AP = Str ;
    Cl = SForm => Str ;
    VP = {verb,comp : Str} ;
  lin
    DeclCl  cl = cl ! SDecl ;
    QuestCl cl = cl ! SQuest ;
    PredVP np vp = table {
      SDecl  => np ++ vp.verb ++ vp.comp ;
      SQuest => vp.verb ++ np ++ vp.comp
      } ;
    CompAP ap = {
      verb = "is" ;
      comp = ap
      } ;
    John = "John" ;
    Old = "old" ;
}
```

图 22　非连续性动词短语的最小语法

当然,图 22 只给了一些非连续动词短语的骨架。它甚至没有覆盖带动词的动词短语的形式,这在英语中会有这样一个特殊问题:疑问句使用一个助动词 do,而陈述句,只有当其表示否定时,才会使用(John doesn't walk)。这部分的细节将留作练习。

与参数一起,非连续成分在多语言语法中起着至关重要的作用,因为它们可以使动词短语这类抽象句法概念凌驾于各种语言之上。从语言理论的角度来看,它们也是很有趣,因为它们可以定义一些著名的非上下文无关的语言,如下面的练习所示。

练习 3-4[*]　在图 22 中的语法里添加规则,用来以动词构建动词短语。在英语的具体句法里,你必须找到一种方式来正确处理助动词 do。

练习 3-5[*]　写一个语法,它可以生成形如 anbncn 的(非上下文无关的)语言,即该语言包含空字符串、abc、aabbcc 等,其中 a、b 和 c 的出现的个数一样多。

练习 3-6[*]　写一个语法,它可以生成形如 ambncmdn 的(非上下文无关的)语言,即 a 的数目和 c 数目是相同的,b 的数目 和 d 的数目也一样。这种语言是瑞士德语众所周知的模型,最初由 Shieber 在 1985 年提出,他认为瑞士德语不是上下文无关的。

练习 3-7[+]　现在我们已经定义了 GF 的一部分,从某种程度上来说,它是完整的,因为任何 GF 语法都可用它写出。所以,你可以尝试为任何你感兴趣的语言写一个 Foods 的具体句法,而且使它正确无误。在阅读了第 4 章的内容后,重复这个练习是很有用的,因为那时你学习了更多关于 GF 的知识,可以使编程效率更高。然后,在学习了第 5 章之后,你可以用最小的工作量来再做一遍这个练习。

3.11　非衔接词法

一旦我们摒弃了这种观念,即在具体句法里的语言学对象必须是连续性的字符串,我们就不会遇到非衔接词法问题,而这些问题在阿拉伯语、希伯来语、马尔他语等闪族语系中存在。

例如:阿拉伯语的词形变化更为复杂,不只是给词干添加前缀后缀。像 kataba("写")这个词有几个形式:kaatibu,yaktubu,kattaba,iktataba。对阿拉伯词语的传统分析如图 22 所示。

·通过把一个模式应用到词根(root)上,构成一个词。

·词根是三个辅音,后者被称为根(radicals)。

·一个模式是从词根(roots)到字符串的函数。

因此,比如,三个字母 ktb 是一个词根(root),通过模式 FaCaLa,得到单词 kataba,通过模式 yaFCuLu,得到单词 yaktubu。模式的传统术语是"fa'al 模式",其中 fa'al 相当于动词"do"。它的三个根(radicals)是"f",腭音的停顿"'" 和"l"。我们将用大写字母来表示这些根(radicals),用更方便的字母 C 表示腭音停顿。也可以说 F 是首根、C 是中间根、L 是尾根。

现在,我们可以把词根(roots)完善成记录、把模式(patterns)完善成函数:
oper

 Root : Type = {F,C,L : Str} ;

 Pattern : Type = Root – > Str ;

这些运算定义了类型同义词,但它们只是普通的 oper,其值类型为 Type。

一个方便的模式是这样的:在记录的根(radicals)前、后以及之间的 4 个空隙中分别填充:

Filling : Type = {F,FC,CL,L : Str} ;

通过组合记录来应用这个模式,

fill : Filling – > Pattern = \p,r – >

 p. F + r. F + p. FC + r. C + p. CL + r. L + p. L ;

注意:这个表达是良类型,因为类型 Pattern 本身就是一个函数类型,"\p,r"是两个拉姆达的缩写形式。

基本上,在阿拉伯语里只有一种模式不是纯粹填充模式,它就是复制中间的辅音。但是,它可以被定义为一种特殊的填充:

dfill : Filling – > Pattern = \p,r – >

 p. F + r. F + p. FC + r. C + r. C + p. CL + r. L + p. L ;

在词典里,我们现在可以用下面的方法来构建词的形式:

yaktubu = fill

 {F = "ya" ; FC = "" ; CL = "u" ; L = "u"}

 {F = "k" ; C = "t" ; L = "b"}

kuttiba = dfill

 {F = "" ; FC = "u" ; CL = "i" ; L = "a"}

 {F = "k" ; C = "t" ; L = "b"}

这个相当乏味单调:按照通常字典的习惯,我们真正想写的只是模式和词根的两个字符串:

yaktubu = word "yaFCuLu" "ktb"

kuttiba = word "FuCCiLa" "ktb"

我们将在 4.5 节中对这个问题再做阐述,并展示如何利用强大的字符串模式匹配技术来解决这个问题。

第 4 章　可模块化与可扩展的语法编写

本章将介绍一些概念,能将小规模的简单语法扩展成更大的、更结构化的语法。本章将涵盖以下内容:
- 可复用的资源模块
- 数据抽象
- 词形生成函数
- 字符串的模式匹配
- 运算重载
- 模块扩展和继承
- 代数数据类型
- 记录扩展、子类型和元组
- 前缀依存选择
- 编译时与运行时的字符串运算

4.1　可复用的资源模块

参数类型和运算属于具体句法。与 lincat 和 lin 的定义不同,它们是完全独立于任何抽象句法的。它们可以被用于不同抽象句法,甚至多种不同语言许多的具体句法中。例如:二值参数类型 Number 适用于英语和意大利语,同样也适用于许多其他语言。为了使在语法里的代码分享成为可能,GF 提供一个叫做资源(resource)的模块类型,它能包含 oper 和 param 判断。图 23 展示了一个带参数和运算的资源模块,可用于意大利语 Foods 的语法编写。它与英语 Foods 语法中 param 和 oper 的定义相似,只是稍复杂一些,因为意大利语的词语存在性。

要使用资源模块中包含的定义,必须由一个具体模块把它打开。因此,图 24 的 FoodsIta 模块打开了 ResIta,并使用了其中定义的参数和运算。同样,资源模块自身也可以打开资源;因此,ResIta 打开了模块 Prelude,后者是一个伴随 GF 系统发布的标准程序库模块。Prelude 包含基于字符串、记录、表格的基本运算;ResIta 使用了 Prelude 里面的 init 运算,其类型为 Str － > Str。它返回了参数字符串的前面部分,也就是说,字符串排除了最后的一个字符,于是,比如:init "nero" 得到 "ner"。Prelude 文件可在附录 D.4.1 节中找到。

ResIta 模块展现了两种新的表达式形式。第一种是局部定义,在 refAdj 的

```
resource ResIta = open Prelude in {
  param
    Number = Sg | Pl ;
    Gender = Masc | Fem ;
  oper
    NounPhrase : Type =
      {s : Str ; g : Gender ; n : Number} ;
    Noun : Type = {s : Number => Str ; g : Gender} ;
    Adjective : Type = {s : Gender => Number => Str} ;

    det : Number -> Str -> Str -> Noun -> NounPhrase =
      \n,m,f,cn -> {
        s = table {Masc => m ; Fem => f} ! cn.g ++
            cn.s ! n ;
        g = cn.g ;
        n = n
      } ;
    noun : Str -> Str -> Gender -> Noun =
      \vino,vini,g -> {
        s = table {Sg => vino ; Pl => vini} ;
        g = g
      } ;
    adjective :
      (nero,nera,neri,nere : Str) -> Adjective =
      \nero,nera,neri,nere -> {
        s = table {
          Masc => table {Sg => nero ; Pl => neri} ;
          Fem => table {Sg => nera ; Pl => nere}
          }
      } ;
    regAdj : Str -> Adjective = \nero ->
      let ner : Str = init nero
      in
      adjective nero (ner+"a") (ner+"i") (ner+"e") ;
    copula : Number => Str =
      table {Sg => "è" ; Pl => "sono"} ;
}
```

图 23 一个意大利语语法的资源模块

定义中又叫假设(let)表达式。假设表达式具有如下的形式：

$$\text{let } c : t = d \text{ in } e$$

意思是在表达式 e 里，常量 c 的类型是 t，值是 d。常量 c 是局部的，是指在 let 表达式的 e 部分之外是不可见的。正如在所有的函数编程中，GF 中的局部

```
concrete FoodsIta of Foods = open ResIta in {
  lincat
    Comment = {s : Str} ;
    Quality = Adjective ;
    Kind = Noun ;
    Item = NounPhrase ;
  lin
    Pred item quality =
      {s = item.s ++ copula ! item.n ++
            quality.s ! item.g ! item.n} ;
    This  = det Sg "questo" "questa" ;
    That  = det Sg "quel"   "quella" ;
    These = det Pl "questi" "queste" ;
    Those = det Pl "quei"   "quelle" ;
    Mod quality kind = {
      s = \\n => kind.s ! n ++ quality.s ! kind.g ! n ;
      g = kind.g
      } ;
    Wine = noun "vino" "vini" Masc ;
    Cheese = noun "formaggio" "formaggi" Masc ;
    Fish = noun "pesce" "pesci" Masc ;
    Pizza = noun "pizza" "pizze" Fem ;
    Very qual =
      {s = \\g,n => "molto" ++ qual.s ! g ! n} ;
    Fresh =
      adjective "fresco" "fresca" "freschi" "fresche" ;
    Warm = regAdj "caldo" ;
    Italian = regAdj "italiano" ;
    Expensive = regAdj "caro" ;
    Delicious = regAdj "delizioso" ;
    Boring = regAdj "noioso" ;
}
```

图 24 Foods 的意大利语具体句法

定义被用于排除相同表达式 d 的多次重复出现,也可以使编码更加结构化,更加清晰。

第二种新形式是带变量的函数类型(在此类型中,通配符"_"是一种特殊的情况),出现在 adjective 类型中。类型

(nero,nera,neri,nere : Str) - > Adjective

实际和下面的类型一样,

Str - > Str - > Str - > Str - > Adjective

但是,变量的使用使共享参数类型成为可能。也可以赋予它们增进记忆的

名字,像上面这个例子,来指导函数的使用者了解参数的合适顺序。然而,由于变量名称之后不再使用,因此,不会造成语义差别,通配符也可按照以下形式使用:

($\_$,$\_$,$\_$,$\_$: Str) – > Adjective

最后,要注意 ResIta 为与名词短语、名词和形容词对应的线性化类型定义了类型同义词。类型同义词的应用有助于结构化编码,并使编码更加清晰。它也是执行抽象数据类型的一种方法,它是可扩展编码的关键,也是下一节我们要讲解的内容的关键。

练习 4-1　通过对图 21 中定义的 FoodsEng 进行分析,分离出一个资源模块。然后,通过使用该资源,重新实现 FoodsEng。

练习 4-2　写一个与 Foods 类似的抽象句法,但要使用不同的词汇,最好表述一个不同的领域。用之前练习中建立的资源模块来定义具体句法。如果你熟悉意大利语,对意大利语再做一遍。

4.2　数据抽象

让我们来进一步研究实施词形变化的词形生成函数的问题。我们想让其适用于所有单词,而非仅仅局限于规则的单词。目标是提供一个词法模块,可在最大程度上易于把词添加到词典里。我们应该想办法分工,接受过语言学训练的语法学家写出一套词形变化参数,然后,把它们交给对词形变化规则知之甚少的词典编辑者。

我们以英语名词为例。尽管简单,这个例子需要用到扩展至更加复杂的词法系统的技术。

我们首先通过定义一个类型同义词来开始实施数据抽象:

oper Noun : Type = {s : Number = > Str} ;

然后,我们定义一个最坏情况函数,包含所有可能的名词,即使是最不规则的名词:

```
oper mkNoun : Str – > Str – > Noun = \x,y – > {
  s = table {
    Sg = > x ;
    Pl = > y
  }
} ;
```

使用 mkNoun,从而我们可以定义非规则名词。

lin Mouse = mkNoun "mouse" "mice" ;

我们也用它来定义词形生成函数,包括那些规则的名词:

oper regNoun : Str － > Noun =

　　\word － > mkNoun word (word + " s ") ;

该模块的使用者被设为只能看到这些运算的类型:

oper

　　Noun : Type ;

　　mkNoun : Str － > Str － > Noun ;

　　regNoun : Str － > Noun ;

用编程术语来讲,Noun 被视为一种抽象数据类型:它的定义不是外显的,而只显示某种构造对象的非直接方式。这组运算的类型签名(隐藏其定义)是针对使用运算的程序员的一个界面。

抽象数据类型的工程优势在于:资源模块的作者可以改变运算定义,而用户在使用时则无需对其进行改变。例如:资源模块作者可以给英语名词中添加case(主格的和属格的):

param Case = Nom | Gen ;

oper Noun : Type = {s : Number = > Case = > Str} ;

现在,最坏情况函数必须被重新定义,以与新的 Noun 匹配:

oper mkNoun : Str － > Str － > Noun = \x,y － > {

　　s = table {

　　Sg = > table {

　　　Nom = > x ;

　　　Gen = > x + " ' s "

　　　} ;

　　Pl = > table {

　　　Nom = > y ;

　　　Gen = > case y of {

　　　　_ + " s " = > y + " ' " ;

　　　　_ 　　　 = > y + " ' s "

　　　　}

　　　}

　　}

　　} ;

这种概括是很直接的,但属格复数例外。对属格复数,我们得进行字符串匹配(通过 case 表达式),以判断词尾是" ' s "(对于不规则名词,像 men—men's),或只是" ' "(对于规则名词,像 boys—boys')。字符串匹配的细节将在下一节进行解释。

现在,因为 Noun 和 mkNoun 的界面没有变,原先的定义

oper regNoun : Str – > Noun = \x – > mkNoun x (x + "s") ;

依然有效。现在,它将生成更大的表格。

4.3　分支表达式和字符串匹配

在前一节对 mkNoun 的定义中,我们用了分支(case)表达式,它是函数编程中的一个常用构件:

```
case y of {
  _ + "s"    = > y + " ' " ;
  _          = > y + " ' s"
}
```

这个表达式进行了基于字符串的模式匹配:表中的模式与变量 y 捆绑的字符串匹配,此例中是名词的主格复数形式。

正如 table 表达式一样,case 表达式有一系列带模式和变量的分支列表。在上例中,在第一分支中的模式"_ + 's'"与以"s"结尾的任何词匹配。在第二分支中的模式"_"与所有其他词匹配。它是级联模式的一个例子,与用于胶合记号的" + "算子类似。

下面是最重要的字符串匹配模式列表:

- 选择模式 P | Q,和任何与 P 或 Q 匹配的内容匹配
- 级联模式 P + Q,和任何 st 形式的字符串匹配,其中 P 与 s 匹配,Q 与 t 匹配
- 变量模式 x,匹配任何字符串并将变量 x 与其捆绑
- 通配符模式 _,匹配任何字符串
- 别名模式 x@P,匹配 P 匹配的任何字符串,并将变量 x 与其捆绑
- 字符串模式"foo",仅与字符串"foo"匹配
- 单字符模式 ?,它仅与长度是一个(统一码的)字符的任意字符串匹配。

选择和级联模式也被称为正则表达式模式,因为它们与正则表达对应。值得注意的是,除了级联、字符串和单字符模式之外,所有模式也适用于所有参数类型,而非仅局限于字符串。

基于参数类型的分支表达式实际上并非 GF 中的原始类型,而是用于表格选择的句法糖:

$$\text{case } e \text{ of } \{...\} \equiv \text{table } \{...\} ! \ e$$

分支表达式通常比表格选择容易读和写,特别是当分枝列表很长时。它们不仅适用于字符串匹配,而且可用于与任何参数类型匹配。4.11 节中的图 33

就是一个典型例子。

4.4 智能词形生成函数

介于完全规则变化(dog—dogs)和完全不规则变化(mouse—mice)之间,存在很多可预测的变化:

· 以 y 结尾的名词,如:fly—flies,除非 y 的前面是一个元音字母,如:boy—boys

· 以 s、ch 以及许多其他字母结尾的名词,如:bus—buses, leech—leeches

应对这些可预测的变化的一种方法是提供可选择的词形生成函数:

noun_y : Str – > Noun = \fly – >
  mkNoun fly (init fly + "ies") ;

noun_s : Str – > Noun = \bus – >
  mkNoun bus (bus + "es") ;

但是,这种方法存在 2 个缺陷:

· 难以正确选择词形生成函数

· 难以记忆所有不同词形生成函数的名称

为了帮助词典编纂者完成工作,词法编程人员可在规则名词词形生成函数中加入更多巧思。她可通过字符串的模式匹配来获得可预测的变化。在 GF 中最简单的方法是使用图 25 所示的正则表达式模式。在该定义中,为了使编码结构化,我们使用了局部定义,尽管该常数只使用了一次。图 25 中的各模式是按特定顺序接受指令的:使得例如,后缀"oo"使 bamboo 不会与后缀"o"配对,从而就不会出现"bambooes"。类似地,"boy"达不到 x + "y"模式,所以,也不会生成"boies"。

```
regNoun : Str -> Noun = \w ->
  let
    ws : Str = case w of {
    _ + ("a" | "e" | "i" | "o") + "o" => w + "s" ;
    _ + ("s" | "x" | "sh" | "o")      => w + "es" ;
    _ + ("a" | "e" | "o" | "u") + "y" => w + "s" ;
    x + "y"                           => x + "ies" ;
    _                                 => w + "s"
    }
  in
  mkNoun w ws
```

图 25 使用正则表达式的英语名词的智能词形生成函数

练习 4-3　在英语中,构成名词复数的规则同样适用于构成动词的第三人称单数。运用该思想,编写一个规则动词词形生成函数,但首先要重写 regNoun,以保证用于构建 s 形式的分析可作为一个独立 oper 被析出,并与 regVerb 共享。

练习 4-4　扩展该动词的词形生成函数,使其可涵盖英语中所有的规则动词形式,特别注意后缀为 ed 的变体(如 try—tried, use—used)。

练习 4-5　在词干实现德语的 Umlaut(元音变音)运算。该运算的类型为 Str – > Str。它改变了重读词干音节中的元音,如下:a 变为了 ä,au 变为了 än,o 变为了 ö,以及 u 变为了 ü。你可以假定运算仅把音节作为参数来看待。用该运算进行检验,核实如下的改变均正确:Arzt 变为了 Ärzt,Baum 变为了 Bäum,Topf 变为了 Tödpf,以及 Kuh 变为了 Küh。

4.5　阿拉伯语词法回顾

3.11 节给出了阿拉伯语词典构造函数,但是难以运用,因为这些函数需要用到明确的词根及模式数据结构。我们真正需要的是词构成运算:

word :（patt, root : Str） – > Str

可使我们写出:

yaktubu = word "yaFCuLu" "ktb"

图 26 中的代码展示了如何定义这种运算。它利用了基于字符串的模式匹配来抽取想要的记录域。这样,getRoot 可匹配长度为 3 的任意字符串,并可按顺序抽取每个字符。长度不为 3 的字符串则会提示出错,以防出现不规范模式;长度不为 3 的阿拉伯语词根必须分别对待。getPattern 运算用于查找"F""C"和"L"字母,这些在阿拉伯语中并不是真正的字母。如果"C"被复制,程序就会返回出复制模式。

4.6　区分运算类型和定义

在作为库的资源模块中,将运算定义与其类型签名加以区分是有必要的。用户只对类型感兴趣,而定义则是供实现者及维护者来使用。这可以通过为这两部分使用各自的 oper 片段来实现:

oper regNoun : Str – > Noun ;

oper regNoun s = mkNoun s (s + "s") ;

类型校验器会将这两部分合成一个 oper 判断,以验证定义与类型相匹配。请注意:在这个语法中,将参数变量绑定在左侧比使用拉姆达抽象更可行,这与我们编写 lin 判断的方法相类似。

```
Root    : Type = {F,C,L : Str} ;
Pattern : Type = Root -> Str ;

Filling : Type = {F,FC,CL,L : Str} ;

fill : Filling -> Root -> Str = \p,r ->
  p.F + r.F + p.FC + r.C + p.CL + r.L + p.L ;

dfill : Filling -> Root -> Str = \p,r ->
  p.F + r.F + p.FC + r.C + r.C + p.CL + r.L + p.L ;

getRoot : Str -> Root = \s -> case s of {
  F@? + C@? + L@? => {F = F ; C = C ; L = L} ;
  _ => Predef.error ("cannot get root from" ++ s)
} ;

getPattern : Str -> Pattern = \s -> case s of {
  F + "F" + FC + "CC" + CL + "L" + L =>
    dfill {F = F ; FC = FC ; CL = CL ; L = L} ;
  F + "F" + FC + "C" + CL + "L" + L =>
    fill {F = F ; FC = FC ; CL = CL ; L = L} ;
  _ => Predef.error ("cannot get pattern from" ++ s)
} ;

word : (patt, root : Str) -> Str = \p,r ->
  getPattern p (getRoot r) ;
```

图 26 阿拉伯语的词根、模式及其作为字符串的编码

在程序库模块中,类型签名通常被置于开始处,而定义则被置于结尾处。一个更为根本的区分方法是,使用接口和实例相分离的模块类型,即类型签名置于接口中,定义置于实例中。这些模块类型将在 5.9 节中予以介绍。

4.7 运算重载

像 GF 资源语法库这样的大型函数库可以定义数千个名字。这不论对于程序库作者,还是对于用户而言都不实用,因为作者不得不创造越来越长的名字,而且这些名字并不总是很直观,而用户则要记住所有这些名字,至少要能够很容易地找到它们。受编程语言 C + + 的启发,一个解决此问题的方法是:"重载",即同一个名字可以用于多个函数。当像这样的名字被使用时,编辑器便会执行"重载解析"来查找此名字可能表示的函数。重载解析是基于函数类型的:所有具有相同名字的函数必须具有不同的类型。(与 C + + 不同,重载解析不仅要用

到参数类型,还要用到结果类型。)

在 C＋＋中,名字相同的函数可以被分散在程序之中。但在 GF 中,这些函数必须集中在重载(overload)组里。下面是一个重载组的例子,它给出了定义英语名词的不同方法:

oper mkN ＝ overload {

　　mkN : (dog : Str) － > Noun ＝ regNoun ;

　　mkN : (mouse,mice : Str) － > Noun ＝ mkNoun ;

}

从直观上看,这个函数与大多数词典里给出规则或不规则词的方式接近。如果一个词是规则的,只需要给出一种形式。如果这个词是不规则的,就要给出更多的形式。

mKN 的例子给出了重载运算的类型和定义。如果类型是单独给出的,则需要如下格式:

oper mkN : overload {

　　mkN : (dog : Str) － > Noun ;　　　　　－ － regular nouns

　　mkN : (mouse,mice : Str) － > Noun ;　　－ － irregular nouns

}

需要注意的是,重载组给出定义时,必须再次说明类型,因为分支都是通过类型来识别的。在类型组及相应的定义组中,分支的顺序可以有所不同。

练习 4-6　设计、执行并测试一个以重载组形式呈现的英语动词词形生成函数系统。

4.8　模块扩展和继承

自然语言的语法常有上千条规则,特别是在词汇方面。如果把这些语法放在一个文件里是很累赘的。此外,若将语法分为不同的模块,就可以将这些模块重新整合,形成模块层次结构。GF 可以通过提供模块扩展机制来支持这种模块化方式。

一个模块可以对一个或多个其他模块进行扩展,并由此继承它们的判断。当然,该模块可以将自己的判断加入其继承而来的判断中。图 27 给出了模块扩展的例子。由逗号分隔的继承模块表通过算子“＊＊”与模块体分离。如果模块体为空,就可以像上一个模块 Shopping 中一样将其省略。如果该模块有 open 模块,它们会在扩展部分的后面出现,如图 28 所示。由此,模块头的通用语法是:

模块类型 用模块名 = 以逗号分隔的扩展模块 ＊＊open 模块 in 模块体①

```
abstract Comments = {
  flags startcat = Comment ;
  cat
    Comment ; Item ; Kind ; Quality ;
  fun
    Pred : Item -> Quality -> Comment ;
    This, That, These, Those : Kind -> Item ;
    Mod : Quality -> Kind -> Kind ;
    Very : Quality -> Quality ;
}

abstract Foods = Comments ** {
  fun
    Wine, Cheese, Fish, Pizza : Kind ;
    Fresh, Warm, Italian,
      Expensive, Delicious, Boring : Quality ;
}

abstract Clothes = Comments ** {
  fun
    Shirt, Jacket : Kind ;
    Comfortable, Elegant : Quality ;
}

abstract Shopping = Foods, Clothes ;
```

图 27 一个模块层次结构,包含一个基本语法、两个扩展,以及合并了两个扩展的进一步扩展

```
concrete ClothesIta of Clothes = CommentsIta **
    open SyntaxIta, ParadigmsIta in {
  lin
    Shirt = mkCN (mkN "camicia") ;
    Jacket = mkCN (mkN "giacca") ;
    Comfortable = mkAP (mkA "comodo") ;
    Elegant = mkAP (mkA "elegante") ;
}
```

图28 一个含有打开资源的具体句法扩展

如图 27 中的例子所示,模块扩展的一个典型用法是将语法分为两个部分,

---

① 原文:moduletype name = extends ＊＊ opens in body

一个是句法组合规则(基本语法),另一个是更为具体的词汇部分(领域词汇)。
图 27 展示了一个基本语法的 Comments,它只包含了组合规则。它的扩展——
Foods 包含了与食物相关的词汇。另一个扩展——Clothes 包含了与服装相关的
词汇。每一个扩展都可以独立使用。但是,他们可以组合为一个更大的模块
Shopping,其包含了关于食品和衣服的注释。

继承可以用于所有的模块类型。继承的模块必须与主模块的类型相同。图
28 给出了一个意大利语的 Clothes 的具体句法。与其抽象句法 Clothes(扩展了
Comments)相对应,ClothesIta 扩展了 CommentsIta,后者是 Comments 的具体句
法。此处被打开的资源模块来源于 GF 资源语法库,第 5 章将对其进行介绍。

多个模块的继承被称为多重继承。这便产生了一个问题:如果从多个模块
继承同一个常数,会发生什么情况呢? 在 GF 中,答案很简单:每个常数都必须
是独一无二的。因此,在某个模块及其全部的继承模块的判断中,相同的常数只
能被说明或定义最多一次。从两个模块中继承相同的常数会出现编译错误,而
重新定义一个已经被继承的常数也会出现编译错误。

多重继承最敏感的问题是菱形性质:通过对一个底层模块进行两次扩展,使
得同一常数两次继承于该底层模块,会出现什么情况? 这正是图 27 中 Shopping
模块所示的情况,它的依赖情况如图 29 所示。Comments 所有的类和函数都被
Shopping 继承了两次! 然而,这并非是一个问题,因为编译器可以识别出这些常
数的最终的来源是相同的。因为不可以重新定义常数,我们可以肯定的是,继承
自 Clothes 的某个常数与继承自 Foods 的同名常数是同一个常数。

图 29　在菱形位置上的继承

通过将模块整合,继承提供了重新使用旧模块的方法。然而,总是将整个模
块全部继承下来可能会导致颗粒度不佳。如果只是继承选定的常数,则可以采
用限制继承。它采用常数表的形式,要么是被排除的常数(含减号"-")的列
表,要么是被包含的常数的(简单)列表。图 30 中展示了一个例子,其中 Wine
被排除在 Foods 之外,Shirt 和 Elegant 则包含在 Clothes 之中。应注意的是,
Clothes 中的包含列表也含有名为 Kind 和 Quality 的两个范畴。原因在于,引入

```
abstract SmallShopping =
  Foods - [Wine],
  Clothes [Kind,Quality,Shirt,Elegant] ;
```

图 30 含被排除及被包含常数的受限继承

Shirt 和 Elegant 的判断依赖这些范畴,而且没有它们,则无法编译。一个不是由继承而来的常数必然可以在模块体中被自由定义。这在菱形位置中有明显的后果:在图 31 中,Shopping 中 Very 的继承来源不唯一,因此是非法的。

```
abstract Comments = ...
abstract Foods = Comments ** {...}
abstract Clothes = Comments - [Very] ** {fun Very ...}
abstract Shopping = Foods, Clothes ; -- ERROR!
```

图 31 常数 Very 的非法多重继承

练习 4-7 将 2.9 节练习中的可递语法的另一个变体进行语法重构,使记号的线性化在前、后两种情况下都可从相同的具体句法继承。

4.9 继承和打开

继承和打开(open)都是在一个模块里输入或包含其他模块的常用方法。一些编程语言,如 C 语言,没有区分这两种机制。在 GF 中,出于两个相关的原因对其进行了区分。

首先,GF 有不同的类型模块,而扩展只对于相同类型的模块而言才有意义。打开可在不同类型之中进行,所以,在最常见的情况下,是 concrete 打开了 resource。

其次,继承具有可传递性,而打开则没有。传递的意思是,如果模块 N 继承了模块 M,而模块 M 继承了模块 L,那么,模块 N 也继承了模块 L。但打开没有这种特性,而这对信息隐藏来说极为重要。例如,一个程序库模块可以打开某些辅助模块,但是这些模块的属性是私有的,即程序库用户无法使用它们。图 32 展示了这样一个配合:公共的 Library 打开了一个私有的 Auxiliary,使用 Library 的 Application 无法使用在 Auxiliary 里定义的运算。

打开支持资格,但继承不支持。这意味着,从打开的模块中输入的常数需要用模块名字来标记:Library. foo,而不仅仅是 foo。资格可以避免从不同打开的模块输入的同一个名字的情况下发生的冲突。

```
abstract Comments = ...
abstract Foods = Comments ** {...}
abstract Clothes = Comments - [Very] ** {fun Very ...}
abstract Shopping = Foods, Clothes ; -- ERROR!
```

FIGURE 31 Illegal multiple inheritance of the constant **Very**.

```
resource Auxiliary = {oper aux ...}
resource Library = open Auxiliary in {oper foo = aux ...}
concrete Application of A = open Library in {
  lin f = foo ... ;  -- CORRECT
  lin g = aux ...     -- INCORRECT
}
```

图 32   信息隐藏:一个公共的程序库打开一个私有的辅助模块

4.10   依存图

为帮助语法编写人员管理模块结构,GF 提供了一个可视化工具,用于显示依存图。该图可通过使用命令 dg = dependency_graph 和由命令 dot 调用的可视化图工具包 graphviz 生成。以下是生成图 29 的过程:

> i − retain Shopping. gf

> dependency_graph

− − wrote graph in file_gfdepgraph. dot

> ! dot − Tpng _gfdepgraph. dot > diamond. png

需要用选项 − retain 来追踪所有的源模块,这类似于 3.8 节中的 compute_concrete 命令。

在 9.9 节里的图 73 和 10.1 节里的图 75 有更多涉及依存图的内容展示。在这些图中,模块和不同类型的依存用不同的形状和箭头标示。

4.11   参数的代数数据类型

参数类型定义类似于 Haskell 和 ML 等函数编程语言里的代数数据类型定义。目前所举的例子都属于受限的特殊枚举类型。但在 GF 中可以定义更一般的类型。作为常数参数的泛化,这些类型还涉及使用其他参数类型的构造函数。借助这样的构造函数,就可以表示参数的层次。

在德语中,限定词的形式取决于性、格和数。性和格则是枚举类型,定义如下:

param Gender = Masc | Fem | Neutr

param Case = Nom | Acc | Dat | Gen

然而,所有性的复数形式都是相同的。如果我们定义了限定词的词形变化为如下类型:

Number = > Gender = > Case = > Str

那么,就会生成带过多形式的表格。为避免如此,我们定义了特殊的限定词形式的参数类型,即:

param DetForm = DSg Gender Case | DPl Case

它的第一个构造函数 DSg 用于单数形式,它还选取性和格作为参数。它的第二个构造函数 DPL 只选取格作为参数。而类型 DetForm 则有 $3 \times 4 + 4 = 16$ 个不同的值,而不是 $2 \times 3 \times 4 = 24$ 个。图 33 中展示了一个例子:通过模式匹配,一个限定词被以上述的类型表格所定义。这里,正如在实践中一样,一个词的形式比理论上的最大数要少得多,这是由类并(不同形式的合并)的结果造成的。在图 33 中展示了这种现象,即通过使用选择模式和通配符,最大化地分享了分支结构——或许是以清晰度为代价的。

```
oper artDef : DetForm => Str = table {
DSg Masc Acc | DPl Dat => "den" ;
DSg (Masc | Neutr) Dat => "dem" ;
DSg (Masc | Neutr) Gen => "des" ;
DSg Neutr _ => "das" ;
DSg Fem (Nom | Acc) | DPl (Nom | Acc) => "die" ;
_ => "der"
}
```

form	Sg Masc	Sg Fem	Sg Neutr	Pl
Nom	*der*	*die*	*das*	*die*
Acc	*den*	*die*	*das*	*die*
Dat	*dem*	*der*	*dem*	*den*
Gen	*des*	*der*	*des*	*der*

图 33 以德语定冠词为例的格表达式和一个词形变化表

类并形式上的意思很清楚:不同的参数产生相同的值。而什么被作为类并对待,什么被作为类型系统的一部分对待则完全由语法编写人员决定。例如,德语限定词的复数合并就可作为类并对待,但这种解决办法不如代数参数类型漂亮,因为复数形式合并性没有例外。另一方面,德语的主格和宾格形式仅在阳性单数上有区别。这可以在类型系统中表示,但在 DetForm 的定义里,我们已经把它作为类并对待了。

有多个参数的单个构造函数的代数数据类型可代替带许多参数的表格。代数数据类型提供更多的数据抽象。如果我们像在 4.2 节里那样定义,

lincat N = {s : Number = > Case = > Str}

则我们"漏掉"了名词带有两个变量特征这一信息。如果我们这样定义：

param NForm = NF Number Case ;

lincat N = {s : NForm = > Str}

我们就可编写更为健壮的代码。例如，如果形容词修饰只将变量名词特征传递给名词，那么我们可以简单地写成：

lin Mod adj noun = {s = \\f = > adj. s + + noun. s ! f}

如果我们使用代数数据类型来确保名词总是只有一个变量特征，那么，该定义不会受该变量特征内部实际内容变化的影响。例如，它是包括了数和格，还是只包括了其中的一个。

记录类型可作为只具有一个构造函数的参数类型的候选项。其域是参数类型的记录类型也是一种参数类型，它可以被模式匹配上。所以，现在又有了另一种定义名词线性化类型的方法，它与合一语法形式化中的特征结构（特征的记录集）相对应：

lincat N = {s : {n : Number ; c : Case} = > Str}

4.12　记录扩展和子类型

记录类型和记录可以通过添加新域得到扩展。例如，在德语中，当两位动词（V2）作补语时，通常是受格或与格，并且传递到动词宾语的情况下，将其当成动词（V）来处理是很自然的事。标记"＊＊"用来表示记录类型和记录对象。

lincat V2 = V ＊＊ {c : Case} ;

lin Follow = regV "folgen" ＊＊ {c = Dative} ;

要用已经存在的标记的域来扩展一个记录类型或对象的做法是一种类型错误。扩展一个非记录类型或对象也是一个错误。

如果另一个记录类型 T 拥有记录类型 R 的所有域以及可能的其他域，那么 T 是 R 的子类型。例如，记录类型的任何一个扩展总是它本身的一个子类型。如果 T 是 R 的一个子类型，那么，R 就是 T 的一个超类型。

如果 T 是 R 的一个子类型，那么，T 的一个对象就可用于任何需要 R 对象的情况。例如，一个及物动词可用于任何需要一个动词的情况。

"协变"的意思是，如果 T 是 R 的一个子类型，那么，具有类型 $U{\rightarrow}T$ 的函数也拥有类型 $U{\rightarrow}R$。例如，任何生成 V2 类型对象的函数也生成 V 类型的对象。"逆变"的意思是，具有类型 $R{\rightarrow}U$ 的函数也拥有类型 $T{\rightarrow}U$。例如，任何可应用于 V 上的函数也可应用于 V2 上，如前文所定义的。

在模式匹配中，如果一个模式和一个记录匹配，那么，它可与其所有的扩展匹配。因此,我们可以简洁地为复数形式不变的英语名词(比如 fish)写出一个词形变化生成函数。

```
oper invarPluralN :
  Str -> {s : {n : Number ; c : Case} => Str} = \s -> {
    s = table {
      {c = Gen} => s + "'s" ;
      _ => s
    }
  }
```

4.13　元组与乘积类型

乘积类型和元组是记录类型和记录的句法糖。

$$T_1 * \ldots * T_n \equiv \{p1 : T_1 ; \ldots ; p_n : T_n\}$$

$$<t_1, \ldots, t_n> \equiv \{p1 = t_1 ; \ldots ; p_n = t_n\}$$

因此,标记 p1、p2、……等都是硬编码。当作为模式使用时,元组被以将其翻译成记录的相同方式被翻译为记录模式。部分模式使得编写如下合乎逻辑又有些令人吃惊的代码成为可能。

```
case <g,n,p> of {
  <Fem> => t
...
}
```

4.14　前缀依存选择和模式宏

为了对 GF 编程结构的展示做一个总结,我们将展示一些很少在资源语法库以外用到的功能。首先,前缀依存选择是一种表达式形式,具体说明一个字符串如何依赖于下一个记号的开端(前缀)。这一使用的一个很好的例子是英语中的不定冠词。一条大致的规则是,如果下一个记号以元音开始,就用冠词 an,否则用 a。这条规则由以下前缀依存选择表达式表示:

```
pre {
  "a" | "e" | "i" | "o" | "u" => "an" ;
  _ => "a"
}
```

在以上英语冠词的近似规则的基础上,可以引进更多规则进行完善,它们将按顺序进行匹配：

```
pre {
  "eu"   => "a" ;              -- a euphemism
  "uni"  => "a" ;              -- a university
  "un"   => "an" ;             -- an uncle
  "u"    => "a" ;              -- a user
  "a" | "e" | "i" | "o" => "an" ;
  _      => "a"
}
```

　　这种规则边还是太粗略：问题的核心是，英语冠词的形式取决于发音，这是无法根据拼写进行推测的。在许多其他语言中，前缀依存选择的可预测性更高。意大利语就是这样的一种语言；最重要的例子是它的定冠词，这将在 9.11 节进行定义。

　　无论是前缀依存选择表达式，还是在智能词形生成函数中的格表达式，通常会一遍又一遍地重复相同模式。模式宏可以避免这种情况的发生。例如，可以为元音定义一个宏：

```
oper vowel : pattern Str = #("a" | "e" | "i" | "o")
```

　　请注意，vowel 不仅仅是一个宏，它是真正的 oper 函数，因为它是经过类型检测的。事实上，任何带模式的类型都可以拥有模式宏。算子"#"将 T 类型的模式转变为一个类型为 pattern T 的表达式。

　　当一个模式宏被用在了实际的模式匹配中，算子"#"将它从一个表达式切换回成一个模式：

```
pre {
  #vowel => "an" ;
  _ => "a"
}
```

4.15　编译时字符串和运行时字符串

　　GF 的一个常见困难是生成记号的条件。总结一下，就是记号可通过以下的方式生成：

- 引用字符串："foo"
- 胶合：t + s
- 预定义运算：init，tail，tk，dp
- 字符串的模式匹配："y" => "ies"

· 前缀依存选择:pre{...}

总的原则是,所有记号必须在编译时已知。这就是说,上述运算在其参数中可能没有运行变量。运行变量是指在线性化规则中代表函数参数的变量。

因此,如下写法是不合法的

cat Noun ;

fun Plural : Noun – > Noun ;

lin Plural n = {s = n. s + "s"} ;

因为 n 是一个运行变量。而且

lin Plural n = {s = (regNoun n). s ! Pl} ;

也是不正确的,因为运行变量 n 最终会用于字符串模式匹配与胶合(这里的 regNoun 是在 4.2 节里所定义的函数)。解决的方法是在名词线性化内部,通过使用一个表格来定义复数形式。之后,在编译阶段,带有或不带有 s 的形式被作为独立的记号而生成。(在这种情况下,当然也是语言学角度的有效选择,因为复数形式是不能被重复赋予的!)

将单词连写而不用空格分隔是一种常见行为,例如,只带标点符号。因此,有人可能试图写出

lin Question p = {s = p + " ?"} ;

但此句是不正确的。正确的方法是使用反词法分析程序(在本例中,可能是 unlextext,参见 2.15 节),它可以在线性化之后生成正确的空格。相应的,词法分析程序 lextext 在句法分析之前,就将像"why?"这样的字符串,分析并分成两个记号。

在反词法分析时,另一个强制记号捆绑的方法是使用 Prelude 运算:

glue : Str – > Str – > Str

从而:

lin Question p = {s = glue p " ?"}

将给出 p 的值,其后跟着"?",但是没有空格,前提是使用了反词法分析程序 bind。在内部,glue 通过使用特殊记号(目前是"& +")进行工作,但是,这个记号不应显化使用,否则 glue 的实现可能发生变化。

第5章 使用资源语法库

本章将向 GF 资源语法库的用户全面介绍 GF 资源语法库并提供切实可行的建议。库的内部介绍安排在了第 9 章和第 10 章。本章的主要议题是：

- 资源语法库的覆盖范围
- 库的结构及其展示
- 词典与短语类
- 资源语法 API(应用程序员界面)
- 重新实现 Foods 语法并将其移植到新的语言中
- 界面、实例和函子
- 资源与应用语法之间的分工
- 函子重写与编译时转移
- 作为语言本体的资源语法
- 资源语法库概览
- 时态系统
- 浏览资源语法库

5.1 库的目的和覆盖范围

GF 资源语法库的目的是，以应用程序员方便使用的形式，为不同的语言提供主要的语法规则。该库定义了词法和句法的低级别细节，使应用程序员可以专注于自己的语法的语义和文体等方面。指导原则是：

语法检查变成了类型检查

也就是说，不论什么，只要在资源语法里类型正确，那么其语法也正确。

应用语法编写人员的预期水平是，一个拥有目标语言的实用知识的熟练的程序员，但并没有这些语言的语法理论知识。拥有这样的综合技能的程序员是很具代表性的，例如想把软件语言本地化的程序员。

目前(截止 2010 年夏)，该库包含了 16 种语言：

保加利亚语	加泰罗尼亚语	丹麦语	荷兰语
英语	芬兰语	法语	德语
意大利语	挪威语	波兰语	罗马尼亚语
俄语	西班牙语	瑞典语	乌尔都语

语言名称的前三个字母(Bul 等,罗马尼亚语的 Ron 除外)是从 ISO-639 标准中给出的 3 个字母的语言代码。这些都是在库中的模块名字中使用的代码。与用 2 个字母的代码相比,3 个字母的代码涵盖了更多的语言,因此,选择范围更加可扩展。

除了上述提到的 16 种语言,人造语言国际语(Ina)也包括在内。此外,在某些应用中,也有一些已经可用并够用的局部实现。例如,阿拉伯语、拉丁语和土耳其语就有相当完整的词形变化生成函数。

5.2　词典和短语规则

到目前为止,本书已经从语义的角度讨论了语法:抽象句法定义了一个意义系统,具体句法则告知抽象句法如何在某种语言中表达。在资源语法中,就像常常在语言学的传统中那样,其目标较为适中:指定词的正确语法组合,无论它们的含义是什么。有了如此适中的目标,与不牺牲精度的语义语法相比,就有可能实现较宽的覆盖面。具有宽覆盖面的高精度语义,即使有可能实现,也会需要更多的工作。

按照词与词的组合之间的区别,资源语法有两个范畴和两种规则:
- 词汇的:
  - 词汇范畴,用以划分词
  - 词法规则,用以定义词及其特性
- 短语的(组合的、句法的):
  - 短语范畴,用以划分任意长度的短语
  - 短语规则,用以将短语组合成更大的短语

在 GF 中,这种区别纯粹是探索式的:词汇和短语的规则之间没有正规的区别。事实上,在多语言语法中保持这种区别是不可能的,因为一种语言中的一个词汇单元可能在另一种语言中对应多词组合,或者根本没有对应的词语。例如,英语限定词"that"在瑞典语中有其对应的对等词"den där",在法语中的对等词是"ce-là",而这两个词被限定名词分开了(例如:"ce vin-là",即"that wine")。英语定冠词"the",在瑞典语中不是以词的形式,而是以屈折形式体现的("miraklet",即"the miracle",是从名词"mirakel"即"miracle"而来的);然而,如果名词有修饰成分,那么,就要添加一个冠词("det oväntade miraklet","出乎意外的神迹")。

定义"词汇的"和"组合的"唯一可行的方式来是通过抽象句法:词法规则是不带任何参数的 fun 函数,而短语规则则是一定带参数的函数。因此,"词汇的"函数 that_Det:Det 根据语言,被线性化为一个或多个词:"that"、"den där"、"ce-là",等等。

即使有着上述预设,尽量保持资源语法中的词汇和句法成分之间的区别已被证明是一个很好的方法。同样的区别也存在于应用语法中:在多个应用中句法结构或多或少地有所相同,但除了密切相关的语言外,词却根本不同。这反映在多语言应用的模块结构上,常采用的办法是,使用共享的具体句法模块来组合词语,而区别对待每一种语言里的词汇。

因此,短语规则和词汇规则之间的区别决定了资源库模块的主要划分。对于每种语言 L,资源库拥有:
· 带短语规则的模块 SyntaxL
· 带词形生成函数的模块 ParadigmsL,在词汇构建时有用。

5.3　词汇范畴和规则

在词汇范畴里,有一个进一步的分类:封闭式的和开放式的。封闭的范畴的定义特征是,其范畴内的词完全可以被枚举,而且任何新词的引入都非常罕见。在一般情况下,封闭的范畴包含结构词,也称虚词,而开放范畴包含实义词。

封闭范畴的例子:

Det 　; − − determiner 　　　e. g. "this"

AdA 　; − − adadjective 　　　e. g. "very"

在 Foods 一例中,我们已经使用了这两种范畴里的词语,它们只是没有被赋予一个范畴,而是被视为了助范畴词。在 GF 中,助范畴词是一个与一些组合的其他表达式一起、在某个构造的线性化规则里引入的词,那个词本身没有抽象句法树。因此,如下规则

fun That : Kind − > Item ;

lin That k = {s = "that" + + k. s} ;

中,词"that"是助范畴词。在语言学中的语法里,避免了助范畴词,因为目的是把表达式分析到它们最小的成分。但在应用语法中,虚词通常被作为助范畴词处理,以保持抽象句法树尽可能地简单。

资源语法库提供了一个在语法模块中相当全面的虚词列表。在第一个例子,即 3.7 节图 20 中的 Foods 语法里,我们将使用下面这些:

this_Det, that_Det, these_Det, those_Det : Det ;

very_AdA : AdA ;

词法规则命名的惯例是,使用一个词,后跟下划线"_",再后跟范畴。例如,这样的话,我们可以区分,例如限定词 that 和连接词 that。至于开放范畴,我们可以从以下开始:

N ; – – noun   e. g. "pizza"

A ; – – adjective   e. g. "good"

开放的词汇范畴在语法里没有表达式。这样的表达式是在应用程序所需时建立的。在应用程序中词的抽象句法我们已经很熟悉了,例如:

fun Wine : Kind ;

通过使用词形生成函数库 ParadigmsEng,给出了其具体句法,

lin Wine = mkN "wine" ;

注意:在 GF 资源库里,开放范畴和封闭范畴之间的区别并不是十分严格的。例如,形容词包含像 very 这样的虚词,但它们不是一个完全封闭的范畴,因为,可以从形容词中形成形容词,例如,incredibly（warm）。

5.4 短语范畴和规则

在 Foods 语法里,有 5 个短语范畴:

Utt ;   – – utterance   e. g. "this pizza was warm"

Cl ;   – – clause   e. g. "this pizza is warm"

NP ;   – – noun phrase   e. g. "this warm pizza"

CN ;   – – common noun   e. g. "warm pizza"

AP ;   – – adjectival phrase   e. g. "very warm"

话语在语篇中处于顶层单元,它们可以是句子、问题、命令,或者是一个人可以说出的一句话里的任何内容。从句,也算是一种句子。一个从句表达一个命题,即一个想象的事实,例如:"this pizza is warm",但在考查此命题是否是真实的或何时是真实的时,该从句则是中性的。从句可以以许多方式在话语中使用,在 Foods 语法中我们需要的唯一方式是现在时态的肯定从句。在应用语法里,Utt 是一个很好的开始范畴,因为它包含了许多想要表达的事情。

名词短语和普通名词看起来很相似,但是它们在句法上截然不同。名词短语可以用作句子的主题(the dog sleeps),但极少见到普通名词这样用（? dog sleeps）。名词短语可以通过给普通名词加限定词构建,但也有其他种类的名词短语,如代词。

我们需要的句法组合有以下几种:

mkUtt : Cl – > Utt ;   – – e. g. "this pizza is warm"

mkCl : NP – > AP – > Cl ;   – – e. g. "this pizza is warm"

mkNP : Det – > CN – > NP ;   – – e. g. "this pizza"

mkCN : AP – > CN – > CN ;   – – e. g. "warm pizza"

mkAP : AdA – > AP – > AP ; – – e. g. "very warm"

要开始构建短语,我们需要从单个单词形成短语的词汇插入规则:

mkCN : N – > CN ;

mkAP : A – > AP ;

注意:在资源库中的所有(更恰当地讲,尽可能多的)运算拥有 mkC 名字,其中 C 是运算的值范畴。当然,这意味着沉重的重载。例如,API 库中名为 mkNP 的运算有 20 多个! 然而,重载对于虚词来讲通常是不可能的, 因为有许多类型相同的词。

现在,句子:

these very warm pizzas are Italian

可以被构建如下:

mkUtt

  (mkCl

    (mkNP these_Det

      (mkCN (mkAP very_AdA (mkAP warm_A)) (mkCN pizza_N)))

    (mkAP italian_AP))

剩下的工作就是定义 Foods 的具体句法,使这个句法树能给出语义树的线性化。

Pred (These (Mod (Very Warm) Pizza)) Italian

5.5 资源 API

资源库 API 分为特定语言的和语言无关的两部分。这些部分可通过两个不同的模块获得,其应用必须打开这些模块:

· SyntaxL,对于每种语言 L,句法 API 是独立于语言的,即具有相同的类型和函数,并适用于所有语言。

· ParadigmsL,为每种语言 L,词法 API 是语言相关的,即对于不同的语言,部分的类型和函数也不同。

一个综合的 API 文档已放在线上。为实现 Foods 语法,我们将只需要完整 API 的一个小片段。让我们通过一套与在线文档中使用的相同形式的表格来总结一下这个片段。图 34 给出了属于 Syntax 的表格。

图 35 给出了在某些语言中 Foods 语法需要的词形生成函数。智能词形生成函数将处理各种变化,例如,在意大利语中的 vino – vini、formaggio – formaggi 和 pizza – pizze。而且,很多情况下也能正确推断出名词的性。德语名词的词形变化和性是难以预测的,这意味着词形生成函数需要更多参数。芬兰语,尽管很复杂,但是其可预测性之高,使得 Foods 语法中只需要一个参数的智能词形生成

Category	Explanation	Example
Utt	utterance (sentence, question,...)	*who are you*
Cl	clause, with all tenses	*she looks at this*
AP	adjectival phrase	*very warm*
CN	common noun (without determiner)	*red house*
NP	noun phrase (subject or object)	*the red house*
AdA	adjective-modifying adverb,	*very*
Det	determiner	*this*
A	one-place adjective	*warm*
N	common noun	*house*

Function	Type	Example
mkUtt	Cl -> Utt	*John is very old*
mkCl	NP -> AP -> Cl	*John is very old*
mkNP	Det -> CN -> NP	*this old man*
mkCN	N -> CN	*house*
mkCN	AP -> CN -> CN	*very big blue house*
mkAP	A -> AP	*old*
mkAP	AdA -> AP -> AP	*very very old*

Function	Type	In English
this_Det	Det	*this*
that_Det	Det	*that*
these_Det	Det	*this*
those_Det	Det	*that*
very_AdA	AdA	*very*

图 34　在 Foods 语法中需要的范畴、句法函数及虚词的资源语法 API 展示
函数。

5.6　库的路径

　　如果您已经安装了预编译的 GF 函数库,或者自己编译了函数库,您会在某些目录中发现它们,比如:在像 Unix 环境里的/usr/local/lib/gf。GF 使用环境变量 GF_LIB_PATH 来确定这个库的位置。这个变量应设置为库根。你可以尝试用下面的命令查看该环境变量的值:

　　$ echo $ GF_LIB_PATH

这应该显示库的根目录。如果该变量还没有设置,你可以如下设置

　　$ export GF_LIB_PATH =/usr/local/lib/gf

　　前提是你在使用 Bash 命令解释程序(这是大多数 Linux 和 Mac OS X 系统中最常见的环境)。而在其他命令解释程序里,命令可能是不同的,例如,

英语:

Function	Type
mkN	(dog : Str) -> N
mkN	(man,men : Str) -> N
mkA	(cold : Str) -> A

意大利语:

Function	Type
mkN	(vino : Str) -> N
mkA	(caro : Str) -> A

德语:

Function	Type
Gender	Type
masculine	Gender
feminine	Gender
neuter	Gender
mkN	(Stufe : Str) -> N
mkN	(Bild,Bilder : Str) -> Gender -> N
mkA	(klein : Str) -> A
mkA	(gut,besser,beste : Str) -> A

芬兰语:

Function	Type
mkN	(talo : Str) -> N
mkA	(hieno : Str) -> A

图 35　Foods 语法需要的词形生成函数

setenv。在初始化脚本里把这个变量一劳永逸地设置是一个好办法,例如,如果您使用 Bash 命令解释程序的话,则在文件. bashrc 中设置。

GF_LIB_PATH 目录有两个子目录:

· alltenses,包含所有时态形式

· present,只包含现在时态、不定式和分词形式。

这些子目录中包含相同的模块,但其版本不同。例如,存在文件 alltenses/SyntaxEng. gfo 和文件 present/SyntaxEng. gfo。这些文件产生于同一来源, src/api/SyntaxEng. gf,但是,present 版本是用忽略了一部分代码的预处理器编译的。这样做的原因是,在 GF 的许多应用中只需要现在时,那么拥有动词其他的所有形式就会消耗不必要的空间(比只包含现在时高出六倍)。

如果 GF_LIB_PATH 设置正确,你就能从文件系统中的任何地方导入一个程序库。例如,你可以导入德语词形生成函数并对其进行测试,如下所示:

> import – retain present/ParadigmsGer. gfo

> compute_concrete – table mkN "Farbe"

再次提醒,你需要 – retain 标志来测试词形生成函数,正如在 3.8 节中解释的那样。在导入的文件中,目录名 present 被解释为当前目录的子目录;如果在

当前目录中没有名为 present 的子目录,那么 GF_LIB_PATH 的值被添加到 present 前面。还应注意的是,导入文件的后缀为 . gfo(GF 对象文件),因为库是由已编译的文件,而不是它们的源代码文件组成的。

5.7 节里讨论的代码示例以及在图 36 中所示的代码的第一行是一个路径指令

```
- -# - path = . : present
--# -path=.:present

concrete FoodsREng of Foods =
    open SyntaxEng,ParadigmsEng in {
  lincat
    Comment = Utt ;
    Item = NP ;
    Kind = CN ;
    Quality = AP ;
  lin
    Pred item quality = mkUtt (mkCl item quality) ;
    This kind = mkNP this_Det kind ;
    That kind = mkNP that_Det kind ;
    These kind = mkNP these_Det kind ;
    Those kind = mkNP those_Det kind ;
    Mod quality kind = mkCN quality kind ;
    Wine = mkCN (mkN "wine") ;
    Pizza = mkCN (mkN "pizza") ;
    Cheese = mkCN (mkN "cheese") ;
    Fish = mkCN (mkN "fish" "fish") ;
    Very quality = mkAP very_AdA quality ;
    Fresh = mkAP (mkA "fresh") ;
    Warm = mkAP (mkA "warm") ;
    Italian = mkAP (mkA "Italian") ;
    Expensive = mkAP (mkA "expensive") ;
    Delicious = mkAP (mkA "delicious") ;
    Boring = mkAP (mkA "boring") ;
    }
```

图 36　基于资源的英语 Foods 的具体句法

它指示要搜索哪些目录,以找到编译该语法所需的所有文件。这个命令包含两个目录:当前目录(.),即 FoodsREng. gf 本身所在的目录,以及与环境变量 GF_LIB_PATH 相对应的 present。路径指令既可以在文件中给出,也可以用导入命令给出,例如:

> import - path = . :present FoodsREng. gf

如果 import 命令中有一个标志 path,它将改写文件中给定的路径。只有处在最上面的文件(在导入命令中明显给出的那个文件)中的路径才被考虑。

5.7 示例:英语

现在,我们准备构建一个应用库。我们用 3.7 节里图 20 的 Foods 抽象句法,首先为英语建立一个实现。我们不需要考虑词形变化和一致,因为我们可以直接从资源语法库中挑选恰当的函数。

此代码如图 36 所示。具体句法打开 SyntaxEng 和 ParadigmsEng 以使用所需的资源库。

作为线性化类型,我们用 Comment 代表话语,用 Item 代表名词短语,用 Kind 代表普通名词,用 Quality 代表形容词短语。这些类型与我们在应用中使用这些范畴的方式完全吻合,因此,我们所需要的组合规则几乎自动生成。

语法的词法部分使用资源词形生成函数。注意:我们需要应用词汇插入规则(A 上的 mkAP 和 N 上的 mkCN),以获取类型正确的线性化。还需注意的是,对于"fish",我们需要使用有两个参数的名词词形生成函数,而其他的都是规则的名词。

在一个应用语法中,不建议使用词汇范畴作为线性化类型,因为它们在将来的扩展中不能够升级扩展。例如,尽管在 Foods 里的范畴 Kind 只有原子构造函数,例如 Wine 和 Pizza,它们是允许使用 N 的,但新的原子构造函数在线性化时可能需要复杂的 CN's。例如,SparklingWine 可能会作为一个新的原子类被引入,因为形容词 Sparkling 不可自由地与其他的类组合,因此作为 Quality 不适合。此外,词的简单和复杂属性,一种语言与另一种语言之间也很不相同:例如,在德语里,sparkling wine 就有一个单一的词 Sekt 来表示。

练习 5-1 编译语法 FoodsREng 并生成和分析一些句子。

练习 5-2 测试 3.5 节图 21 给出的 FoodsREng 和手动建立的 FoodsEng 是否产生完全相同的线性化。你可以通过系统性地导入这两个语法,然后生成一组树及它们的线性化来查看。可使用如下命令:

> generate_trees | linearize – treebank

练习 5-3 为意大利语或为在资源库中的其他语言编写一个 Foods 的具体句法。你可以把结果与前面介绍过的手写语法比较一下。

5.8 多语言语法的函子实现

如果你做过了上一节的练习,并为某个语言编写了 Foods 的具体句法,你可能注意到大部分代码与英语的完全相同。造成这一原因的是,Syntax API 对所有的语言都是一样的。反过来,也可能是因为 GF 资源语法库中的所有语言都执行相同的句法结构。此外,所有语言都倾向于以相似的方式使用句法结构来表达意义:通常情况下,我们只需要为一种新语言重新编写的具体句法的词汇部分。因此,要为一种新的语言移植语法,你得

1)复制现有语言的具体句法

2)更改单词(字符串和词形生成函数)

不过,我们应该做得更好,因为函数编程人员在编程时不应只是复制和粘贴!因此,我们现在将展示如何编写一个函数,使其可以处理语法模块的共享部分。它不是 fun 或 oper 意义上的函数,而是在模块上的函数运算,称为函子。此构造从函数编程语言 ML 与 OCaml 来看并不陌生,但在 Haskell 中却不存在。它也与 C++ 中的一些模板类似。函子也被称为参数化模块。

在 GF 里,函子是一个模块,可以打开一个或多个界面。一个界面(interface)是一个类似 resource 的模块,但它仅包含 oper 的类型,而没有它们的定义。你可以把界面想象成一种记录类型。Oper 名字是此记录类型的标记。对应的记录被称为界面的实例。因此,函子是一个模块层级的函数,它将实例作为参数,其值是生成的模块。

现在,让我们编写一个 Food 语法的函子实现。图 37 给出了模块 FoodsI 的完整代码。模块头使用关键词 incomplete,以表示 FoodsI 是函子。"不完整"这个词表明函子本身不是一个完整的具体句法,它需要完整。使得一个模块不完整的是因为它打开了一个或多个界面,在该例子中,是两个界面:Syntax 和 LexFoods。

函子和函数对比,FoodsI 可以被看作是具有以下类型签名的函数:

FoodsI : instance of Syntax – >

        instance of LexFoods – > concrete of Foods

这样的函数需要两个界面的实例作为它的参数:

· Syntax,资源语法界面

· LexFoods,特定领域的词汇界面

为得到一个完整的具体句法,函子必须被应用到界面的实例。例如:

FoodsI SyntaxEng LexFoodsEng : concrete of Foods

FoodsI SyntaxFin LexFoodsFin : concrete of Foods

FoodsI SyntaxGer LexFoodsGer : concrete of Foods

函子的应用称为函子初始化,如图 38 所示。注意,图 38 展示了整个模块,而不仅仅是它的头文件。模块体由编译器从 FoodsI 构建,用它们在英语实例 LexFoodsEng 和 SyntaxEng 给出的定义来实例化界面常数。

```
incomplete concrete FoodsI of Foods =
    open Syntax, LexFoods in {
  lincat
    Comment = Utt ;
    Item = NP ;
    Kind = CN ;
    Quality = AP ;
  lin
    Pred item quality = mkUtt (mkCl item quality) ;
    This kind = mkNP this_Det kind ;
    That kind = mkNP that_Det kind ;
    These kind = mkNP these_Det kind ;
    Those kind = mkNP those_Det kind ;
    Mod quality kind = mkCN quality kind ;
    Very quality = mkAP very_AdA quality ;

    Wine = mkCN wine_N ;
    Pizza = mkCN pizza_N ;
    Cheese = mkCN cheese_N ;
    Fish = mkCN fish_N ;
    Fresh = mkAP fresh_A ;
    Warm = mkAP warm_A ;
    Italian = mkAP italian_A ;
    Expensive = mkAP expensive_A ;
    Delicious = mkAP delicious_A ;
    Boring = mkAP boring_A ;
}
```

图 37　Foods 的具体句法的函子

```
--# -path=.:present

concrete FoodsIEng of Foods = FoodsI with
  (Syntax = SyntaxEng),
  (LexFoods = LexFoodsEng) ;
```

图 38　Foods 的英语函子实例化

5.9　界面和实例

　　继续介绍界面和实例究竟是什么样子。图 39 展示了界面 LexFoods。图 40 展示了一个英语实例化。在此界面中,只有词项被说明。一般情况下,一个界面可以说明任何函数和类型。Syntax 界面就是这样做的:它主要包含组合短语的重载运算。

```
interface LexFoods = open Syntax in {
  oper
    wine_N : N ;
    pizza_N : N ;
    cheese_N : N ;
    fish_N : N ;
    fresh_A : A ;
    warm_A : A ;
    italian_A : A ;
    expensive_A : A ;
    delicious_A : A ;
    boring_A : A ;
}
```

图 39 Foods 的词汇界面

```
instance LexFoodsEng of LexFoods =
    open SyntaxEng, ParadigmsEng in {
  oper
    wine_N = mkN "wine" ;
    pizza_N = mkN "pizza" ;
    cheese_N = mkN "cheese" ;
    fish_N = mkN "fish" "fish" ;
    fresh_A = mkA "fresh" ;
    warm_A = mkA "warm" ;
    italian_A = mkA "Italian" ;
    expensive_A = mkA "expensive" ;
    delicious_A = mkA "delicious" ;
    boring_A = mkA "boring" ;
}
```

图 40 Foods 词汇界面的英语实例

注意:当一个界面打开一个界面时,例如在这里是 Syntax,它的实例也得打开那个界面的一个实例。但实例也可以打开其他一些资源,这是非常典型的,如图 40 所示,一个领域词库实例打开一个 Paradigms 模块。

5.10 多语言语法的设计模式

实际上,打开 Syntax 和领域词库界面的函子在 GF 应用中如此典型,以至于这种结构可以称为 GF 语法的设计模式。使得这种模式非常有用的是,语言往往使用相同的语法结构,不同之处仅存在于词语。因此,一旦我们有一个用函子

定义的应用语法,添加一个新语言就非常简单,只需要编写两个模块:

· 领域词库实例

· 函子实例化

函子实例化的编写是完全机械化的。领域词汇的实例需要该语言的词汇知识:什么词用来表达什么概念、词汇如何发生词形变化,以及词性的变化等。图 41 展示了一种语言的模块结构实例化。图 42 展示了 Foods 词汇的更多实例。图 43 展示了函子对于这些语言的顶层实例化。

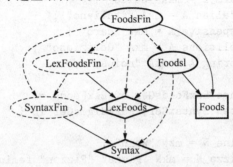

图 41　带一个资源库的函子的设计模式和一个领域词库界面

基于函子的设计模式的一个变体使用了 4.8 节所示的结构。在这一变体中,语法本身分为句法部分和词汇部分。句法部分用函子来实现,但还需要 Syntax 界面。词汇部分用普通的方法实现,不使用任何函子。这一变体在概念上比我们已经使用的更为简单,但是有一个缺点:可能很难决定什么属于句法,什么属于词汇。

练习 5-4　把函子 FoodsI 实例化为你自己选择的某种语言。

练习 5-5　将 Foods 语法分为语法部分和词汇部分,并通过使用资源语法库和本节末尾建议的变体将其在某种语言中实现。

5.11　分工再探讨

资源语法的目的,正如 1.7 节中所提到的,是为语言学家和应用语法编写员之间进行分工。我们现在可以思考一下:这究竟意味着什么? 可以问问自己:编写不同成分的语法编写员需要具备什么技能?

建立一个 GF 的应用,从抽象句法开始,编写一个抽象句法需要:

· 对应用领域的语义结构的理解

· 对 GF 范畴和函数片段的理解

如果用函子编写具体句法,程序员需要决定:哪一执行部分应放到界面,哪

```
instance LexFoodsIta of LexFoods =
    open SyntaxIta, ParadigmsIta in {
  oper
    wine_N = mkN "vino" ;
    pizza_N = mkN "pizza" ;
    cheese_N = mkN "formaggio" ;
    fish_N = mkN "pesce" ;
    fresh_A = mkA "fresco" ;
    warm_A = mkA "caldo" ;
    italian_A = mkA "italiano" ;
    expensive_A = mkA "caro" ;
    delicious_A = mkA "delizioso" ;
    boring_A = mkA "noioso" ;
}
instance LexFoodsGer of LexFoods =
    open SyntaxGer, ParadigmsGer in {
  oper
    wine_N = mkN "Wein" ;
    pizza_N = mkN "Pizza" "Pizzen" feminine ;
    cheese_N = mkN "Käse" "Käsen" masculine ;
    fish_N = mkN "Fisch" ;
    fresh_A = mkA "frisch" ;
    warm_A = mkA "warm" "wärmer" "wärmste" ;
    italian_A = mkA "italienisch" ;
    expensive_A = mkA "teuer" ;
    delicious_A = mkA "köstlich" ;
    boring_A = mkA "langweilig" ;
}
instance LexFoodsFin of LexFoods =
    open SyntaxFin, ParadigmsFin in {
  oper
    wine_N = mkN "viini" ;
    pizza_N = mkN "pizza" ;
    cheese_N = mkN "juusto" ;
    fish_N = mkN "kala" ;
    fresh_A = mkA "tuore" ;
    warm_A = mkA "lämmin" ;
    italian_A = mkA "italialainen" ;
    expensive_A = mkA "kallis" ;
    delicious_A = mkA "herkullinen" ;
    boring_A = mkA "tylsä" ;
}
```

图 42 意大利语、德语、芬兰语的 Foods 词汇实例

一部分应与函子共享。这就需要：

```
--# -path=.:present

concrete FoodsIIta of Foods = FoodsI with
  (Syntax = SyntaxIta),
  (LexFoods = LexFoodsIta) ;

--# -path=.:present

concrete FoodsGer of Foods = FoodsI with
  (Syntax = SyntaxGer),
  (LexFoods = LexFoodsGer) ;

--# -path=.:present

concrete FoodsFin of Foods = FoodsI with
  (Syntax = SyntaxFin),
  (LexFoods = LexFoodsFin) ;
```

图 43　意大利语、德语、芬兰语 FoodsI 函子的实例化

· 了解自然语言中领域概念是如何表达的

· 具有范畴和运算的资源语法库知识

· 知道哪些部分有可能用语言方式来表达,这样,这些部分就可以被放到界面上,而不用函子加以定义

· 了解具有函数应用和字符串的 GF 片段

把一个现成的函子实例化到一种全新的语言则没那么多要求。实际上只需要:

· 了解在语言中领域词是如何表达的

· 大致了解这些词是如何发生词形变化的

· 了解库中可用的词形生成函数

· 了解具有函数应用和字符串的 GF 片段

注意:所有这些任务都不需要使用 GF 记录、表格或参数。因此,只需要 GF 的一个小片段;而 GF 的剩余部分仅与写函数库的那些程序员相关。从本质上讲,在第 3 章和第 4 章中介绍的所有机制都是不必要的! 除了为了理解 GF 的错误信息,需要对记录和表格有所了解。

当然,语法写作不总是对函数库的直接使用。可能发生的情况是:一个语义范畴不能简单地映射到一个资源范畴,而是需要一些额外信息,或可能是由记录和参数表示的多个范畴的组成。一个典型例子是用几乎任意一种语言所表达的方位以及其介词。例如,在英语中,一个人说 at the airport(在机场),at the pub(在酒吧),但却说 in the church(在教堂),in the restaurant(在餐厅)。在同时带

有介词和不带介词的方位词表达的语法中,词典需要存储名词及其相应的介词:

　　lincat Place ＝ ｛name : CN ; prep : Prep｝

在5.18节的练习里会体现这一思想。

5.12　重写函子

在所有语言里,只要所有的概念都用相同的结构表达,使用资源 Syntax 界面的函子实现就能工作良好。如果符合这种情况,那么,不正常的线性化可被变为参数,并被移动到领域词库界面。

Foods 语法进行得非常好,所以,我们不得不举一个人为的例子:假设英语没有 Pizza 这个词,所以,不得不使用其释义"Italian pie"。这个释义不再是名词 N,而是 CN 类里的一个复杂短语。显而易见,解决这一问题的办法是:改变界面 LexFoods,使 pizza_N 可以由更普通的

　　oper pizza_CN : CN

来代替。函子因此也要相应地改变。但这种解决方案不稳定,因为对每种新的语言,我们都会改变界面以及函子,而且我们每次都要为旧的语言改变界面实例,以保持类型的正确。

一个更好的解决方案是,使用在4.8节里介绍的受限继承技术:英语的实例化继承了函子实现,但排除了常数 Pizza。我们的代码如下:

　　－－# －path = . : present

　　concrete FoodsEng of Foods ＝ FoodsI － ［Pizza］ with

　　　（Syntax ＝ SyntaxEng）,

　　　（LexDoosa ＝ LexFoodsEng）＊＊

　　　　Open SyntaxEng, ParadigmsEng in ｛

　　　Lin Pizza ＝ mkCN（mkA "Italian"）（mkN "pie"）;

　　｝

带有"＊＊"的符号是模块继承的一个非常特殊的情况。如果函子本身是作为某些模块的扩展,那么相应的继承模块会在函子实例化之前出现:

　　concrete C of A ＝ B1,B2 ＊＊ CI with（…）＊＊ open R in…

练习5-6　对函子 FoodsI 和词汇界面 Foods 进行概括,使得不需要像我们在本节所介绍的那样进行重写。

5.13　编译时转移

重写一个函子在某些情况下非常方便：当一种语言不能保持在其他语言中使用的句法结构时。一个典型的例子就是英语动词"like"。"I like this pizza"这句话在瑞典语中是"jag gillar den här pizzan"，它们结构相同，因此，可以用函子规则实现：

lin ILike it = mkCl i_NP like_V2 it

其中，界面常数 like_V2 被如下声明和实例化：

oper like_V2 : V2

oper like_V2 = mkV2 "like"　　　– – English

oper like_V2 = mkV2 (mkV "gilla")　– – Swedish

然而，意大利语译文是"questa pizza mi piace"，有一个结构性的改变：主语和宾语互换了。这个意大利句子的直译是：this pizza pleases me（这个比萨使我很开心），但意大利语中没有保持"I like this pizza"（我喜欢这个比萨）这种结构的句子。在一个应用语法中，仍然可以很容易地给出线性化规则，

lin ILike it = mkCl it piacere_V2 i_NP

但结构的改变已经发生了。如果函子在通用语法中使用，它在意大利语实例化中就需要重写。一种可选择的方法是让界面变得更加通用：

oper i_like : NP – > Cl

oper i_like it = mkCl i_NP (mkV2 "like") it　　– – English

oper i_like it = mkCl it piacere_V2 i_NP　　　　– – Italian

在很多翻译系统中，结构变化都是在运行时由转换规则处理的。在 GF 中，这种转换通常在运行时可以避免，因为它们是在语法编译时执行的。在这个例子中，每一种语言规则的编译结果都与手写的规则相似。

lin ILike it = { s = "I like" + + it. s ! Acc }

lin ILike it = { s = "jag gillar" + + it. s ! Acc }

lin ILike it = { s = it. s ! Nom + + "mi piace" }

（为了简便，我们忽略了某些变化和一致。）在基于 GF 的系统中，编译时转换阶段被用来为同样的语义结构选择不同的资源语法结构。

练习 5-7　把 I Like 结构添加到 Foods 语法中，并在你自选的语言上实现它。也创建一些需要用到编译时转换的其他结构。

练习 5-8　用执行编译时转换的语法规则来测试词对齐（如 2.14 节所述）。

5.14　作为语言本体的资源语法

　　资源语法是句法的语法,而不是语义的语法。它们的目标是,涵盖多种语言的句法结构,并且这些结构是独立于它们的应用目的和应用领域的。如何在 GF 中理解这一点呢?特别是如何能够在脑子里没有语义结构的时候构建一个抽象句法?

　　我们可以把资源语法的抽象句法作为语言本体来考虑。它是一个语言对象的领域,用语言类组织起来,遵循严格的组合规则。在西方语法传统中,两千年的研究和教育已经建立起了一套相当标准的概念,并已经在 20 世纪作为精确的数学模型被形式化了,又在后来的几十年中,以计算机程序实现的方式形式化。GF 资源语法库就是这样的一个模型及其实现的例子。

　　独立于语言的语言本体思想是西方这一传统的一个组成部分。它起源于古希腊语,后来很快适用于拉丁语。因为希腊语和拉丁语是紧密联系的语言,因此并不困难。后来,同样的理念被应用到了现代欧洲语言中,甚至其他语系的语言中,像芬兰语和阿拉伯语。有时,这些传统的语法概念过于牵强,实际上并不适合所有的语言。不过,拥有一个共同的概念框架,对实践和理论都有利。

　　·外语学习者可以从之前语言中熟悉的相关概念得到帮助。

　　·可以利用以前的工作实现资源语法。在 GF 中,抽象句法给出了语法必须涵盖内容的"检查表"。而且,具体句法的代码也可重复使用。

　　·如果该资源语法可作为界面并允许函子使用,应用语法的编写可以最大程度地简洁。

　　·语言类型学中有明确的概念讨论语言之间的相似处和不同点。

　　因此,不同语言之间,什么是相同的,什么是不同的?当我们翻看一本传统的语法书的目录时,对于几乎任何一种语言,我们都会找到一章讲名词、另一章讲形容词、动词,可能还有讲其他词类的内容。经常还会有章节讲句法,包含像句子的组成这样的主题。

　　对于每种词类,一本典型的语法书里会有关于词形变化特征的章节(如格、性和时态),之后,作为实质性的部分,会有词形变化表。这些部分在各语言之间差别很大。例如,性在某些语言中有三个值,而在其他语言中只有两个值。某些语言,如芬兰语,没有性。但是,总的情况是,语法书所给出的词类对所有的语言都是共同的,而特征和词形变化,当然还有词语本身是不同的。

　　以上所述的情况非常符合 GF:共同部分属于一个抽象句法,有区别的部分属于具体句法。它也符合 5.5 节中所介绍的资源 API 结构,其主要部分是不依赖语言的 Syntax 模块,还有一套依赖语言的 Paradigms 模块。

尽管共享句法结构的集合很大,但宣称所有句法结构是共享的则是站不住脚的。对所有语言来说都不常见的那些结构,程序库有一个为每种语言 L 使用的名为 ExtraL 的模块来处理。这些 Extra 模块用不同的方式扩展共同的 Syntax。举一个例子,像"how old"这种疑问词的构成中,疑问副词"how"修饰一个形容词,这在日耳曼语言和芬兰语中是提供的,而在罗曼语中却不提供。因为这种建构无法得到,其翻译必须使用编译时转换。例如,"how old are you"这个问题用法语表示是"quelle âge avez-vous"("what age do you have")。另一个 Extra 函数的例子是由各种语言的不同时态系统提供的,见 5.17 节。全部的模块结构以及Extra 模块在其中的位置可见 10.1 节。

5.15　资源 API 概览

现在让我们快速浏览一下资源 API,将当我们仅以 Foods 的实现作为目标时得到的零碎画面补全。关于范畴和函数的更多细节,请参阅附录 D,这里只给出在全部 API 中有助导航的大致原则。

用户所需的主要范畴如下,按自顶向下的顺序。展示的顺序大致按照附录D.1 节中范畴树那样。

- Text,文本,从短语和标点符号构建。
- Phr,短语,带可选的主要连接词和呼格的话语。
- Utt,话语,可以是陈述句、问句、祈使句或更小的短语。
- Punct,主要标点符号:"."、"?"、"!"。
- S,QS,RS,Imp,句子、问题、关系从句和祈使句,通过确定时态和极性,从CL、QCL、RCL、VP 相应地构建。
- CL,带可变时态和极性的从句,通过谓项,由名词短语和动词短语构建。
- QCL 带可变时态和极性的问题从句,按如下方式构建:
  - IP,疑问代词,带有动词短语,如:"who sleeps"
  - 与无主语成分对应的疑问代词,如:"whom do you love"
  - 从句,作为句子的问题,如:"does John sleep"
  - IAdv,修饰从句的疑问副词,如:"where does John sleep"
- RCL,带可变时态和极性的关系从句,按如下方式构建:
  - RP,关系代词,带有动词短语:that sleeps
  - 无主语成分的关系代词:that you love
- NP,名词短语,按如下方式构建:
  - 带限定词的普通名词:this man
  - Pron(代词):she

- PN(普通名词):John
- 普通的限定词:this
- VP,动词短语,按如下方式构建:
  - V,一位动词构成:sleep
  - V2,带一个 NP 补语的 2 位动词:love her
  - V3,带两个 NP 补语的 3 位动词:give it to John
  - VS, 带句子补语的动词:say that it is good
  - VV, 带动词短语补语的动词:want to buy it
  - 形容词短语:is good
  - 副词短语:is in the house
  - 名词短语:is a man
  - 添加副词的动词短语:sleeps here
- CN (普通名词), 构建于:
  - N,词汇名词:man
  - N2,带有补语的关系名词:son of John
  - 带形容词修饰语的普通名词:old man
  - 带关系从句的普通名词:man that I saw
- Det,限定词,构建于:
  - Quant,量词:this
  - Numeral, 数词:five
  - 所有形式的代词:my
- AP,形容词短语,构建于:
  - A, 词汇形容词:old
  - A2,带有补语的二位形容词:divisible by 3
  - 在比较和补充句中的词汇形容词:older than you?
- Adv,副词和副词短语,构建于:
  - Prep (介词)和名词短语:with John
  - 形容词:slowly
  - 带从句的 Subj(增补):because it is hot
  - 词汇副词:here

并列关系是一个运算,适用于很多范畴,其一般模式是计算列表群$[C]$的并列,其特例是计算二元素的并列:

$mkC : Conj -> [C] -> C$

$mkC : Conj -> C -> C -> C$

对于任意范畴 C 均可定义列表范畴$[C]$,实际上是 List$C$ 的一个缩写,具体解释可见附录 C.3 节。

库中函数的取名遵循如下传统：

- mk$C$ 是构造类型 C 的对象的重载函数
- word_C 是类型 C 的一个词条
- descr$C$ 是构成 C 的任何其他运算，带有 descr 描述

5.16 结构扁平化

在附录 D 里的资源语法描述列出了最小的、最常见的函数。完整 API（记录在了 GF 网页上）给出了更多函数，这些函数是通过使用附录 D.2 节中介绍的规则，用系统化的方法，由最小的函数获得的。这些规则中最重要的是扁平化，即将一个子树参数用它的子树序列代替。

一个基本的扁平化例子是述谓结构的不同版本。最一般的述谓结构规则是

mkCl : NP - > VP - > Cl

它使用动词短语的范畴，并能实际覆盖所有述谓结构的形式。如要构成动词短语，对每个动词范畴 C 及其参数列表 X，存在下列函数：

mkVP : C - > X - > VP

例如，

mkVP : V2 - > NP - > VP

但是，VP 类型的子树可以扁平化。因此，带参数列表 X 的每个动词范畴 C 也有如下的规则：

mkCl : NP - > C - > X - > Cl

一个例子是：

mkCl : NP - > V2 - > NP - > Cl

因此，也可以写成两种表示：

mkCl np v2 np'

mkCl np (mkVP v2 np')

其结果是一样的。但是，之前的表达式更加紧凑，因此更加容易使用，而且它也隐藏了理论上所负载的 VP 类型。VP 仅在递归 VP 形成规则中需要，例如为动补动词（VV）提供补语：

mkVP : VV - > VP - > VP

带形容词和名词的谓项比带动词的谓项多使用两个层次。因此，一个形容词和它的相关补语首先被收进了形容词短语（AP），可以作为补语短语（Comp）使用，并且最终作为动词短语使用。一个从句的最深结构，比如像"this is warm"，就有四个层次及许多可能的捷径。使用最小的构造，结构是

mkCl np (mkVP (mkComp (mkAP a)))

但就像 VP 一样,Comp 和 AP 也可以被扁平化。同样结构的最扁平表达式变成了:

mkCl np a

带有名词短语的谓项(NP)和副词(Adv)有相似的扁平化选择。

5.17 时态和极性

从句(Cl)将一个主语与一个谓语结合,从而表达逻辑上的命题。但是,这并不能决定这个命题的内容:是在过去呢,现在呢,或是将来呢,或者是真命题还是假命题。这两个成分分别通过增加时态和极性确定。从句增加时态和极性形成的表达式就是句子(S)。

在所有语言中,极性既可以是肯定的,也可以是否定的,但时态在不同的语言里是不相同的。GF 资源语法库给出了每种语言自己的时态系统。然而,一般API 提供了一个一般系统的使用,其中,时态建立在两个成分上:"先前",表示一些情况是同时的,还是有先后顺序("to do"与"to have done");以及"时间顺序",即一些事是发生在过去,现在,未来,还是有条件的("did"、"does"、"will do"、"would do"等)。极性、先前和时间顺序的所有组合总共有 $16(2 \times 2 \times 4)$ 个。图44 给出了一个英语和一个意大利语句子的每种组合的例子。

Form	English	Italian
Sim Pres Pos	*I sleep*	*dormo*
Sim Pres Neg	*I don't sleep*	*non dormo*
Sim Past Pos	*I slept*	*dormivo*
Sim Past Neg	*I didn't sleep*	*non dormivo*
Sim Fut Pos	*I will sleep*	*dormirò*
Sim Fut Neg	*I won't sleep*	*non dormirò*
Sim Cond Pos	*I would sleep*	*dormirei*
Sim Cond Neg	*I wouldn't sleep*	*non dormirei*
Ant Pres Pos	*I have slept*	*ho dormito*
Ant Pres Neg	*I haven't slept*	*non ho dormito*
Ant Past Pos	*I had slept*	*avevo dormito*
Ant Past Neg	*I hadn't slept*	*non avevo dormito*
Ant Fut Pos	*I will have slept*	*avrò dormito*
Ant Fut Neg	*I won't have slept*	*non avrò dormito*
Ant Cond Pos	*I would have slept*	*avrei dormito*
Ant Cond Neg	*I wouldn't have slept*	*non avrei dormito*

图44 英语和意大利语中时态和极性的一般系统

除了图 44 中给出的一般时态和极性形式,英语中还有非紧缩否定的分开形式(例如"I do not sleep")和倒装句("do I sleep")。意大利语中的过去式较为简单("dormii",即"I (suddenly) slept")和虚拟语气("dorma",即"(that) I sleep")。要查看一种给定语言中从句的所有形式的一个简单方法是使用 GF 命令解释程序中的 linearize – table。例如:

> import alltenses/LangEng.gfo

> parse – cat = Cl "I sleep" | linearize – table

三个参数的每一个都有其默认值:先前默认为同时,时态是现在时,极性为肯定。由从句组合句子的函数 mkS 将这些特征中的每一个作为可选择项:如果没有提供选择项,则使用默认值。根据附录 D.2.2 节的内容,由从句形成句子的 mkS 的类型如下:

mkS : (Tense) – > (Ant) – > (Pol) – > Cl – > S

这里,括号用来表示参数的可选性。这种括号的使用纯粹是为了文档编制,因为 GF 编译器不管多余的括号。因此,在程序库实现中,mkS 有 8 个独立的重载函数实例,对应着 3 个参数中的每一个是否出现。

时态系统是可以清晰表明程序库的句法本质的诸上之一,即一般抽象句法不能保证翻译的对等。因此,同步过去时("he walked"),在罗曼语和德语中应按照前部现在时进行翻译,除非活动是连续。另外,在英语中,使用同步现在时("he walks")的情况比起其他大多数语言更为有限:进行时("he is walking")经常被使用在其他大多数语言中会使用同步现在时的地方。从语言学上讲,进行时是"体"的一个例子。同样地,罗曼语和德语中的过去时态的区别是体区别的例子。编写时,GF 资源语法库没有给出达到体的高级途径。它只是提供不同的从句形式,库的使用者必须自己选择正确的形式。

图 45 显示了时态和极性的程序库常数。它们是抽象特征的例子:它们不是具体句法意义上的参数,因为它们被所有语言共享。它们不常作为清晰的词语而实现,而是作为从具体句法而来的参数。然而,它们仍然是抽象的,因为它们不是在具体句法中与特征一一对应的。

在不同语言之间,不仅时态的实际应用不同,而且可以使用的时态集合也不相同。例如,罗曼语有独立的复合词和简单过去时态(如:"marché"与"marcha",在法语中表示的"(has) walked")。这些"额外的"时态并不是所有语言都使用,但可通过 ExtraL 模块,例如 ExtraFre 得到。

5.18　浏览资源语法库

资源语法内部是作为顶级语法实现的,它的抽象句法称为 Lang。这个句法

Function	Type	Example
conditionalTense	Tense	(*John would walk*)
futureTense	Tense	(*John will walk*)
pastTense	Tense	(*John walked*)
presentTense	Tense	(*John walks*) [default]
anteriorAnt	Ant	(*John has walked*)
simultaneousAnt	Ant	(*John walks*) [default]
negativePol	Pol	(*John doesn't walk*)
positivePol	Pol	(*John walks*) [default]

图 45　用于时态和极性的一般系统的程序库常数

包括所有的句法组合规则和虚词,以及大约 350 个实义词的测试词典。每种语言 *L* 有一个具体句法 Lang*L*,可以用来做句法分析和线性化。因此,你可以测试英语资源语法,如下:

> import alltenses/LangEng. gfo

现在,你可以尝试在资源语法中分析句子:

Lang > p "this wine is good"

PhrUtt NoPConj (UttS (UseCl (TTAnt TPres ASimul) PPos

　　(PredVP (DetCN (DetQuant this_Quant NumSg) (UseN wine_N))

　　(UseComp (CompAP (PositA good_A)))))))) NoVoc

结果返回的树是库内部的表示。作为编写应用程序的程序员,你永远都不需要这种表示,但如果你开始编写自己的资源语法,你就需要实现所有的,甚至更多的函数,正如第 10 章所述。

如果你对测试资源 API 函数本身感兴趣,可以导入模块 Try*L*,它是 Syntax*L*、Lexicon*L* 和 Paradigms*L* 的统一体。这是一个资源模块,可以用 – retain 选项导入,执行 cc 命令:

> i – retain alltenses/TryEng. gfo

> cc – all mkUtt (mkCl this_NP (mkA "cool"))

this is cool

通过语法重用技术,顶层 Lang 语法作为资源模块被导出,其内部细节在附录 C.4.17 节里作说明。Lang、Syntax、Try 和其他资源语法库模块的关系在 10.1 节作详细说明。

练习 5-9　通过在资源库中做句法分析和线性化,构建一些表达式及其翻译:

· is this wine good

· I (don't) like this wine, do you like this wine

- I want wine, I would like to have wine
- I know that this wine is bad
- can you give me wine
- give me some wine
- two apples and wine
- he says that this wine is good
- she asked which wine was the best

练习 5.10⁺　用新的形式扩展 Foods 语法,与上个练习的例子相对应。首先,扩展其抽象句法,然后,通过使用资源语法和函子实现。你也可以通过使用 2.11 节里的自由变异来最小化抽象句法的规模。例如,"I would like to have X","give me X","can you give me X",X 可以是同一个顺序的不同的表达式。

练习 5-11⁺　设计一个可以用来控制 MP3 播放器的小型语法。该语法应该能够识别像"play this song"("播放"这首歌曲)的命令,带有的变化:

- 对象:song, artist
- 修饰语:this, the next, the previous
- 带补语的动词:play, remove
- 不带补语的动词:stop, pause

实现步骤如下:

1. 抽象句法

2. 函子和词汇界面

3. 第一语言的词汇实例

4. 第一语言的函子实例化

5. 第二语言的词汇实例

6. 第二语言的函子实例化

7. ……

练习 5-12*　资源范畴的记录给出了表示属于同一类词的自然方式。其中一个例子就是我们称为 Action 的复杂体,涉及及物动词(play)、动作执行者(player)、行动本身(playing),以及有可能的物体(playable)。定义类型 Action,作为资源语法范畴的记录。也定义智能词形变化表:

mkAction : Str – > Action

使它以最常见的方式产生上述记录。需要注意:因为这个词形变化表不与某个词性捆绑,通常,它实现的是所谓的派生形态,与屈折形态相反。

第6章 抽象句法里的语义动作和条件

目前为止，与隐藏在上下文无关文法中的抽象句法相比，语法中的抽象句法并没有更具表现力。从逻辑上说，抽象句法类似于零阶简单的类型理论，其所有类型都有如下的格式：

$$C_1 \to \ldots \to C_n \to C$$

正如 2.5 节里定义的，与上下文无关的规则的类骨架一致。在本章里，它的表达能力被增强了，特别是通过使用依存类型和高阶抽象句法概念，加强了类型系统。这意味着，语法能比以前表达更多的语义。

因为依存类型没有在 GF 应用中广泛使用，并且现在往往能得到第 7 章里所描述的嵌入语法工具的支持，本章和本章里所举的例子，与其他章节相比，更具有理论性。我们也假定读者了解更多背景知识，尤其是符号逻辑的知识。如果感觉这些内容理解起来较为困难，那么好消息是，除了第 8 章中有些段落会涉及，本书之后的章节不会以此章的内容作为预备知识。

本章的主要议题包括：
· 作为逻辑框架的 GF
· 依赖类型
· 选择限制
· 多态
· 证明对象与证明携带文件
· 变量约束与高阶抽象句法
· 语义定义、释义与运行时转移
· 内置范畴
· 概率树

6.1 作为逻辑框架的 GF

类型理论是许多被称为逻辑框架的系统的基础，这些逻辑框架可用来在计算机上表示数学定理及其证明。实际上，GF 有一个逻辑框架作为它的一个部分，这就是抽象句法。

在一个逻辑框架里，数学理论的形式化是由一些类型和函数声明构成的集合。下面是这一理论的一个例子，在 GF 中表示为一个抽象模块。

```
abstract Arithm = {
  cat
    Prop ;                              - - 命题( proposition )
    Nat ;                              - - 自然数( natural number )
  fun
    Zero : Nat ;                        - - 0
    Succ : Nat  - > Nat ;               - - x 的后继( the successor )
    Even : Nat  - > Prop ;              - - x 是偶数
    And : Prop  - > Prop  - > Prop ;    - - A 和 B
}
```

这个例子并没有展现任何新的类型理论的构建,但是尽管如此,它仍被当作算术的证明系统的一部分,并在此章之后的章节里会被扩展。

练习 6-1　给出 Arithm 的一个具体句法,最好通过使用资源库完成。

6.2　依存类型

GF 中的依存类型是从马丁 – 洛夫(Martin-Löf,1984;Nordström & al. ,1990)的构造类型理论继承而来,它们使得 GF 与其他大多数语法形式体系和函数编程语言区别开来。

一个依存类型是依赖于其他类型的参数的类型。例如,从 0 到 n 的自然数构成的类型 Nats n 是一个依存类型,其中,参数 n 属于类型 Nat。依存类型可用于陈述比普通类型更强的良构条件。一个如下类型的函数:

minus : Nat – > Nat – > Nat

不能真正地表达正常的"减"运算,因为第二个参数 y 可能比第一个 x 大,这样 minus x y 就成为负数了。然而,具有下列类型的函数

minus : (n : Nat) – > Nats n – > Nat

确实能保证第二个参数的大小最多等于第一个参数。实际上,类型的精确性可以增加到

minus : (n : Nat) – > Nats n – > Nats n

因为 minus x y 绝不会大于 x。

依存类型需要某种新的表示,实际上是目前为止所使用过的表示的推广。因此,范畴声明(category declarations)的判断的一般形式为:

$$cat\ C\ G$$

这里 G 是一个语境(context)。一个语境是一系列假设,每个假设形如:

$$(x : T)$$

这里 x 是一个变量,T 是一个类型。假设的编写不需要任何分隔符,这意味着一个非依存类声明 cat C 仅仅是带一个空语境的声明。

如同句法糖一样,

· 变量可以共享一个类型;

$$(x,y : T) \equiv (x : T)\ (y : T)$$

· 一个通配符可以用来代替变量,条件是该变量不会在之后语境里的类型中出现;

$$(\_ : T) \equiv (x : T)$$

· 如果变量在其后面没有出现,可以将其一起省略,并且不使用括号。

$$T \equiv (\_ : T)$$

当然,如果 T 不是一个标识符,而是一个更加复杂的表达式,则需要用括号把它与其余语境分开。

基本类型是一个应用于其语境中说明的所有参数的范畴。因此,一般情况是,如果:

$$\text{cat } C\ (x_1 : T_1)\ \ldots\ (x_n : T_n)$$

我们可以建立基本类型:

$$C\ a_1 \ldots\ a_n$$

如果参数关于语境是良类型的,也就是:

$$a_1 : T_1, \ldots, a_n : T_n \{\ x_1 := a_1, \ldots, x_{n-1} := a_{n-1}\}$$

依存函数类型是这样的一种函数类型,其值类型依赖于它的参数。一般形式是:

$$(x : A) \rightarrow B$$

其中,变量 x 可能出现在 B 类型中。句法糖与语境类似,实际上在上面的 4.1 节中已将其定义,当时将变量作为记录代码和减少参数类型重复的方式。

6.3 选择限制

依存类型非常有用的一个简单的自然语言的例子是,可为家用电器定义声控指令的"智能屋"系统。这个例子引自关于 Regulus 的书(Rayner 等,2006)。

在智能屋里,人们可以通过口头命令(Command)调暗电灯、打开风扇等等。对于每种(Kind)设备(Devices)而言,有一套动作(Actions)来控制。例如,人们可以调暗灯光,但不能调暗风扇。因此,哪些动词能与哪种名词进行有意义的结合是存在约束的。这些约束被称为选择限制。它们很容易用依存类型来表达:我们只需让类型 Device 和 Action 依赖 Kind。我们在 cat 声明里表示这些依存,其有一个参数类型的语境:

cat

　　Command ;

　　Kind ;

　　Device Kind ;

　　Action Kind ;

依存的关键性作用在于形成指令的规则中,由依存函数类型表示:

fun Act :

　　(k : Kind) – > Action k – > Device k – > Command ;

换言之,只要一个动作和设备是同类 k,它们就可以结合成为一条指令。如果我们有函数:

The : (k : Kind) – > Device k ; – – the light

Light, Fan : Kind ;

Dim : Action Light ;

我们就可以建立句法树:

Act Light Dim (The Light)

但我们不能形成如下的树:

Act Light　Dim (The Fan)

Act Fan　　Dim (The Light)

Act Fan　　Dim (The Fan)

线性化规则可以按通常的形式写:具体句法不知道一个范畴是否是一个依存类型。在英语里,可以写成如下:

lincat Action = {s : Str} ;

lin Act _ act dev = {s = act. s + + dev. s} ;

注意,Kind 的参数没有出现在线性化中;通过使用通配符,而不是一个真变量来明确这一点是一个好习惯。我们将展示,类型检查会通过 dev 参数重建设备的种类。这是 2.9 节所介绍的隐藏技术的主要用途之一。

在概念上,带依存类型的句法分析可分为两个阶段:

1. 上下文无关的分析

2. 用类型检查筛选

parse 指令自动执行这两个阶段:

> parse "dim the light"

Act Light Dim (The Light)

仅仅上下文无关的句法分析就可返回带有表示隐藏参数的元变量(?)的一颗树:

Act ? Dim (The Light)

当类型检查审查带元变量的树时,它就形成一套的约束,后者是涉及元变量的方程式。在这种情况下,就有两个限制,源自 Dim 的类型和 The 的参数:

? = Light, ? = Light

这套约束有一个简单的解,即把"?"设置为 Light。

但是,约束解决方法也可能失败,比如遇到错误树的情况:

> parse "dim the fan"

The parsing is successful but the type checking failed:

Couldn't match expected type Device Light

    against inferred type Device Fan

这里,上下文无关的树是?

Act ? Dim (The Fan)

产生约束

? = Light, ? = Fan

这导致派生约束 Fan = Light,而这是不可解决的,并且会产生由 GF 打印的错误信息。

即使约束不被发现是不可解决,可能仍然无法解决。例如,当一个非依存类型函数隐藏一个参数时,就会发生这种情况。在这种情况下,在类型检查之后,元变量消失,但 GF 类型检查本身却没有关于如何解决这些问题的任何线索。但是,该树当然可以被送去进行进一步的处理,像在 2.10 节中提到的指代消解一样,或者由用户进行交互编辑,像在 7.12 节中所描述的那样。

练习 6-2　编写一个包含上述内容的抽象句法模型和一个恰当的英语具体句法。尝试句法分析和生成。

练习 6-3　在语法中加入设备类型和动作。

练习 6-4*　在抽象句法中,通过使用依存类型,定义一些涉及一致的规则,比如英语中 NP – VP 谓项的数的一致。为了这个目的,你需要在抽象句法里引入 Number 作为一个类型,并且使 NP 和 VP 都依赖它。

练习 6-5*+　在 GF 资源语法中,为了构建动词短语,有几类动词——V、V2、V3、VS 等,以及相应的互补规则,见 5.15 节和附录 D。另一个分析,或许更为简洁,是只有一类动词,但使它依赖于另一个类,例如 Vsub,它是动词次类化的类型。我们也需要一个补语列表,比如依赖于 Vsub 的 Comps。有了这种机制,只需要一个类型的补充规则:

(vs : VSub) – > V vs – > Comps vs – > VP

构想该想法的细节,使其能够包括如上所列举的至少 4 种动词的类。

6.4　多态性

有时,一个动作能在各种设备上执行。在这种情况下可以为每一个种类 – 动作配时分别引入 fun 常数,但这样做会很乏味。相反,我们可以用多态 (polymorphic)的动作,例如,把 Kind 作为参数并且为该 Kind 产生一个 Action:

fun SwitchOn, SwitchOff : (k : Kind) – > Action k ;

非多态的函数是单态(monomorphic)的。但是,对于好的语义模型而言,对单态和完全多态进行两分法的区分有时还不够:非常典型的是,一些动作可以在含一个设备以上的设备真子集中被定义。例如,门和窗都可以被打开(open),但是开灯时就不能用同样的词(open)了。在 6.8 节介绍受限多态概念时,我们将回到这个问题的讨论。

练习6-6　4.8 节的 Shopping 语法允许短语的构建,例如,"this shirt is delicious"(这件衬衫是美味的),以及"that fish is comfortable"(那条鱼是舒服的)。避免出现这种情况的一个方法是,区分衣服和食物。为了避免为这些项复制代码,最好的方法是使 Item 和 Quality 的类依赖 Kind。谓语 elegant(高雅的)、expensive(昂贵的)和 Italian(意大利的)都可以设为多态的。根据这些想法,重写图 27 中的抽象句法。

6.5　具体句法中的依存类型

GF 项和类型的函数片段包括函数类型、应用、拉姆达抽象、常数和变量。这个片段在抽象句法和具体句法里都是一样的。尤其是,依存类型在具体句法中也可用。目前,我们还没有利用它们,但是现在我们将通过一个例子,看看如何利用它们。

对那些熟悉函数编程语言(像 ML 和 Haskell)的读者可能已经在怀念多态函数。例如,Haskell 编程人员能够利用函数:

const :: a – > b – > a
const c _ = c

flip :: (a – > b – > c) – > b – > a – > c
flip f y x = f x y

这些函数对任何给定的类型 a、b 和 c 都适用。

多态函数在 GF 中的对应是带明确类型变量的单态函数,这是我们之前为可以在所有设备上运行的动作建模的抽象句法中已经使用了的一种技术。因

此,在 GF 里,上述定义可以写成:

    oper const : (a,b : Type) – > a – > b – > a =

    _,_,c,_ – > c ;

    oper flip :

    (a,b,c : Type) – > (a – > b – > c) – > b – > a – > c =

    _,_,_,f,x,y – > f y x ;

当使用这些运算时,类型检查器要求这些运算带上它们所有的参数。这对于使用 Haskell 和 ML 的程序员来说是件很讨厌的事情,因为他们习惯于隐性的类型参数,但对于使用泛型(generics)的 Java 的程序员来说却是很熟悉的。

GF 资源语法库使用依存类型执行并列关系,也就是使用形如 $X \ldots X c X$ 的短语,其中 c 是一个连词,X 是可支持并列关系(见附录 D.2.9 节)的范畴之一。得到的概括是,每当 X 有一个变量特征 P,它就被传递到所有的连接项。关键的运算是:

conjunctTable : (P : Type) – > Conj – >

                         {s1,s2 : P = > Str} – > {s : P = > Str} =

_,co,xs – > {s = \\p = > xs.s1 ! p + + co.s + + xs.s2 ! p}

这里,列表是由含两张表格的一个记录表示的,s1 包含初始元素,而最终元素储存在 s2 中。连词置于这两者之间。库模块 Coordination 为程序员提供一组这样的运算,因为程序员需要处理没有被当前资源语法覆盖的情况,比如,为新的语言实现资源时。

6.6 证明对象

或许,在构造类型理论中最关键的思想是柯里-霍华德同构(Curry-Howard isomorphism),也称为命题等同于类型原则。它最早的构想是为命题和谓词演算的逻辑系统赋予语义。在这一节中,我们会举一个更加初级的例子,但也会展示在数学之外这个证明的概念是如何也有意义的。

我们使用已经展示的一元(也称皮亚诺式)自然数类,如下:

cat Nat ;

fun Zero : Nat ;

fun Succ : Nat – > Nat ;

后继函数 Succ 生成了一个从 Zero 开始的自然数的无限序列。

然后,我们定义"一个数 x 小于数 y"是何意义。我们的定义基于两个公理:

  · 对于任何 y,Zero 比 Succ y 小

· 如果 x 小于 y,那么 Succ x 就小于 Succ y。

在类型理论中,表示这些公理的最直接的方法是,用一个依存类型 Less x y,以及构造其对象的两个函数:

cat Less Nat Nat ;

fun LessZ : (y : Nat) – > Less Zero (Succ y) ;

fun LessS : (x,y : Nat) – > Less x y – >

Less (Succ x) (Succ y) ;

由 LessZ 和 LessS 形成的对象叫证明对象:它们为一定的数学命题建立真值。例如,"2 小于 4"这个事实可以通过以下的类型进行编码:

Less (Succ (Succ Zero)) (Succ (Succ (Succ (Succ Zero))))

它有证明对象

LessS (Succ Zero) (Succ (Succ (Succ Zero)))

(LessS Zero (Succ (Succ Zero)) (LessZ (Succ Zero)))

选择性表达是我们的第一个例子,展示了依存类型是如何可以被用来为表达式的良好形式提供一个语义控制。证明对象则为表达语义条件提供了一个更为强大的技术。

一个利用证明对象的简单例子是对良好的时间跨度的定义,其中若一个时间跨度是从较早时间到较晚时间:

from 3 to 8

则被认为是良好的,而

from 8 to 3

反之。接下来的跨度的规则通过使用 Less 谓词强加了这一条件:

cat Span ;

fun FromTo : (m,n : Nat) – > Less m n – > Span ;

练习 6-7　用本节的概念编写一个具体句法和抽象句法,并在 GF 里进行实验。

练习 6-8[*]　通过使用证明对象,定义"偶数"和"奇数"概念。提示:你需要一个函数来证明 0 是偶数,另外两个函数将性质从每一个数传送到它的后继数。

6.7　证明携带文件

证明对象的一个可能应用是携带证明的文件:为了在语义上有良好的形式,文件的抽象句法必须包含某些属性的证明,即使这个证明在具体文件中不显示。例如,考虑一下描述航班转机的小文件:

To fly from Gothenburg to Prague, first take LH3043 to Frankfurt, then OK0537 to Prague.(要从哥德堡飞到布拉格,先乘坐 LH3043 航班到法兰克福,然后换乘 OK0537 航班到布拉格。)

此文本的良好结构部分地由航班的依存类型表示,表明了每个航班的离港和目的地城市。

cat

City ;

Flight City City ;

fun

Gothenburg, Frankfurt, Prague : City ;

LH3043 : Flight Gothenburg Frankfurt ;

OK0537 : Flight Frankfurt Prague ;

这些规则足以拒绝给出"从哥德堡乘坐 OK0537 航班到布拉格"这样的文本。但是,这涉及另一个条件:在法兰克福必须可以从 LH3043 航班转机,换乘 OK0537 航班。这种条件可以作为一个下列类的证明对象被建模,表明从一个航班转到另一个航班是可能的:

cat IsPossible (x,y,z : City)(Flight x y)(Flight y z) ;

由于参数列表包括逐步依赖左面参数的依存类型,因此,这个类的语境比目前为止看到过的其他的都更加复杂:需要 3 个城市(出发地、中转地、目的地),以及以恰当的方式飞行于这些城市之间的两个航班。

通过要求类型 IsPossible 的一个证明,我们就可最终定义一个构造函数,用以连接两个航班,并确保是可行的:

fun Connect : (x,y,z : City) - >

    (u : Flight x y) - > (v : Flight y z) - >

        IsPossible x y z u v - > Flight x z ;

6.8 受限多态性

在智能屋语法 Smart 的第一个版本中, 所有动作都是下面两者之一:

· 单态的:定义在一个种类上

· 多态的:对所有种类有定义

为了使之更适合拓展新的种类,我们可以完善二分制,使其变成更普遍的受限多态性概念;一个函数可以定义在所有种类的一个子集上,即作为种类的类属(class)进行定义。在抽象句法中,可以通过柯里-霍华德同构表示类属概念,如下:

· 一个类属是种类的一个谓词,即依赖种类的类型

· 如果存在这个类型的一个证明对象,一个种类就在一个类属里

下面是一个开关和调光的例子。这里的类属被称为 Switchable(可切换的)与 Dimmable(可调节的)。

cat

　　Switchable Kind ;

　　Dimmable Kind ;

通过一个证明对象表示一个 Kind 在一个类属中。因此,我们就有:

fun

　　switchable_light　: Switchable Light ;

　　switchable_fan　　: Switchable Fan ;

　　dimmable_light　　: Dimmable Light ;

现在,开和关的动作可以被定义为开关类属,而调光则被定义为调光类属:

SwitchOn　　: (k : Kind)　– > Switchable k　– > Action k ;

SwitchOff　: (k : Kind)　– > Switchable k　– > Action k ;

Dim　　　　: (k : Kind)　– > Dimmable k　　– > Action k ;

受限多态性的一个好处就在于能够逐步添加新动作的类属和新种类的证明。受限多态性的缺陷是,它可能反映表达式,而不是其语义,因此,在不同的语言中作用也不相同。举个例子,在英语中,"opening"这个单词可以用于表示"开"窗户和门,但是在芬兰语中,也可用来表示"开"电视和收音机,而在英语中此处应该用"switching on"。

类属包含(及其他语义条件)的证明对象通常在线性化中被隐藏。如果它们总是处于隐藏状态,那么,编写用于完善一个具体句法所需的线性化规则就会十分乏味。用下面两种方法可以减少负担:

· 使用空记录类型作为证明对象范畴的线性化类型,这种类型不携带任何信息,另外,所有线性化规则都可以定义为空元组(< >)。事实上,返回类型{}的线性化规则是由编译器自动构造的,因为这种类型只有一个可能的值。

· 把线性化类型和哑对象放在一个模块里,该模块是由所有语言继承而来。

练习 6-9*　编写一个带类属的 Smart 语法的新版本,并在 GF 中进行测试。

练习 6-10*　为该语法添加一些动作、种类和类属。尝试把该语法移植到一个新的语言上。

练习 6-11*　通过把类属作为 Class 类的零元 funs 对待,可以给出一个较好结构的代码,并且使得所有的证明对象具有这样的类,它表明一个种类是一个类属的实例:

cat Instance Class Kind ;

这样,动作就可以只依赖类属,设备只依赖种类。实现这一细节,尤其是构成命令的 Act 函数。

6.9　约束变量与高阶抽象句法

数学语言和编程语言都有变量约束的表达式。例如,一个全称量词命题

$$(\forall x)B(x)$$

包含变量 x 的约束($\forall x$),以及主体 $B(x)$,这里变量 x 可以约束出现。

约束变量也会出现在非正式的数学语言中,例如:

for all x, x is equal to x(对于所有的 x,x 等于 x)

the function that for any numbers x and y returns the maximum of x + y and xy(对于任意数 x 和 y,返回 x + y 和 xy 的最大值的函数)

Let x be a natural number. Assume that x is even. Then x + 3 is odd.(设 x 为自然数。假设 x 是偶数,那么 x + 3 是奇数。)

在类型理论中,变量约束表达式形式可以作为函数被形式化,该函数将函数作为参数。全称量词被定义为:

fun All : (Ind – > Prop) – > Prop

这里 Ind 是个体类型,Prop 是命题类型。例如,如果我们有相等的谓词:

fun Eq : Ind – > Ind – > Prop

我们可以构造树:

All (\x – > Eq x x)

它与下面的普通符号相对应:

$$(\forall x)(x = x)$$

上述两例中,以函数为参数的树的抽象句法恰恰既能表达约束变量表达式的语义,又能将其在计算机上实现。其优点在于只需要一个变量约束表达式的形式,即拉姆达抽象 \x – > b。其他约束都可以简化成这种形式。这使得对数学理论的实现和推导变得更加容易,因为变量约束实施和推导都比较棘手。这种将函数作为句法构造函子的参数使用的思想被称为高阶抽象句法。

现在的问题是:如何定义变量约束表达式的线性化规则?让我们首先考虑全称量词,

fun All : (Ind – > Prop) – > Prop

在 GF 里,我们可以写:

lin All B = {s = "(" + + "∀" + + B. \$0 + + ")" + + B.s}

来得到上面显示的形式。此线性化规则带给 GF 一个新概念:约束变量标记 \$0,它可在高阶抽象句法中选择约束变量标志。一般规则是,如果一个函数

的参数类型其本身就是函数类型，A — > C，那么，这个参数的线性化类型就是 C 的线性化类型，以及一个新的域 $0:Str。因此，在对 All 的线性化规则里，参数 B 拥有线性化类型：

{ $0 : Str ; s : Str}，

因为 Prop 的线性化类型是：

{s : Str}

换句话说，一个函数的线性化包括其主体的一个线性化，还有表示约束变量线性化的一个域。那些熟悉类型理论或拉姆达演算的读者应该注意，GF 需要用伊塔扩展形式（eta-expanded）的树才能使下文所述的内容合理，对于具有类型

A – > B

的函数，一个伊塔扩展语法树具有一个拉姆达抽象的形式

\x – > b

其中在假定 x:A 的情况下 b:B 。只有使用这样的形式才可以分析出一个表达式包含一个约束变量和主体，由此可以记录在一个线性化规则中。

如果线性化规则是：

lin Eq a b = {s = "(" + + a.s + + " = " + + b.s + + ")"}

那么，拉姆达抽象的线性化：

\x – > Eq x x

就是一条记录：

{ $0 = "x", s = "(x = x)"}

因此，这个公式（抽象句法树）的线性化

All (\x – > Eq x x)

变成

{s = "(∀x) (x = x)"}

但是，我们如何能将变量 x 的线性化表示为字符串"x"呢？GF 语法对此并没有规则：在 GF 里只是使用硬连接，即变量符号的线性化就是在打印抽象句法的时表示它们相同的字符串。

练习 6-12 *　编写一个所有谓词演算的抽象句法，使用关联词"and"、"or"、"implies"和"not"，还有量词"exists" 和 "for all"。使用高阶函数以保证非约束变量不会出现。

练习 6-13 *　为你喜欢的谓词演算符号编写一个具体句法。如果你想有好看的输出，可以使用 LATEX 作为目标语言。你也可以在某个编程语言中尝试生成布尔表达式。为了避免歧义，你要使用尽可能多的括号。通过使用优先级参数，你也能够减少使用括号的数量，正如 8.1 节所述。

练习 6-14 *　为谓语演算编写一个英语具体句法，使其能够在公式和自然

语言之间进行翻译。甚至更进一步,利用在资源 Syntax 界面的函子,为谓词演算编写一个通用的自然语言语法。因此,你可以使用 Symbolic 库,以便使用变量和其他自然语言文本里的数学符号。参见附录 D.4.3 节。

6.10 照应表达式

照应表达式,例如代词(“it”、“he”、“she”),可以用来指代宾语,而无需给它们命名。有时候,宾语确实有名字。例如,在句子“if John walks he talks”(如果约翰走路,他就说话)中,代词“he”可以替换为“John”。但有时情况并非如此。在句子

“if a man walks he talks”(如果一个人走路,他就说话)

中,把“he”换成“a man”,就会改变句意,因为句子“if a man walks a man talks”(如果一个人走路,一个人就说话)可能会指两个不同的人。一个可能的替换是“the man”,但是这个短语是一个确定描述,其指代性一点不比代词“he”逊色!

解释指代含义的一个普遍采用的构想是利用约束变量。兰塔(Ranta,1994)在构造类型理论的语境中发展了这个想法。正如在兰塔(Ranta,2004b)所展示的那样,这个构想可以在 GF 里实现。在这里先不讨论所有细节,让我们只总结一下它的主要构成成分:

1. 照应表达式用于代表存在于抽象句法中,但在具体句法中被隐藏的个体。

2. 个体可以是常数或变量。

3. 隐藏参数可以通过解元变量方程找到。

第一点与 2.10 节中阐述的内容一样。通过归纳该节的内容,我们为不同类型的个体考虑选择不同代词。我们还可以区分显示名称(Name)和隐藏指称(Ref)。原因在于,我们不想在自然语言里包含裸指称,它们通常是变量:一个 Ref 只能通过照应表达式来作为名字使用。

cat Kind ; Name Kind ; Ref Kind ;

下面的函数构建了代词和有定描述语:

fun Pron, Def : (k : Kind) – > Ref k – > Name k ;

它们的线性化使用 Kind 参数,来决定性(Pron),或者作为名词跟在定冠词(Def)之后:

lin Pron k _ =

  case k. g of {Masc = > "he" ; Fem = > "she" ; _ = > "it"} ;

lin Def k _ = "the" + + k. s ;

代词的性当然是依赖语言的。因此,英语里的“it”在法语里变为“il”或

"elle"，它们反过来又可以与英语里的"he"和"she"分别对应。翻译一个代词时，一定要储存它的 Kind 参数，以找到目标语里的性。

在范畴 Ref 中的隐藏个体常被称为话语指称。最简单的话语指称类型是一个约束变量。考虑一个表示全称量词的函数，定义如下：

fun Univ : (k : Kind) – > (Ref k – > Prop) – > Prop ;

lin Univ k p =

　　{s = "it holds for every" + + k. s + + p. \$0 + + "that" + + p.s}

这可以给出诸如：

"it holds for every number x that x is even or odd"（对于每个数 x，x 要么是奇数，要么是偶数）

对于同样的命题，其自由变量的表达是：

"it holds for every number that it is even or odd"（对于每个数，它要么是奇数，要么是偶数。）

要得出这个结论，只要省略变量即可：

lin Univ k p =

　　{s = "it holds for every" + + k. s + + "that" + + p.s}

有了上述（Pron）的定义，以及一个"奇数或偶数"的合适谓词 EoO，这句话就有了抽象句法树：

Univ Number (\x – > EoO (Pron Number x))

现在，再谈谈之前那个例子，"if a man walks he talks"兰塔（Ranta, 1994）的解决方案是，构建类型理论的渐进蕴涵（progressive implication）。通过让后面的依赖于前面的证明，推广了普通的隐含（参见 6.6 节）：

fun If : (p : Prop) – > (Proof p – > Prop) – > Prop ;

lin p q = {s = "if" + + p.s + + q.s}

并且，在构造类型理论中，存在命题有一个证明，从这些证明中，我们可以提取出一个证据（witness）——使得存在命题成立的个体。句子"a man walks"（一个人走路）表达了一个存在命题，其证据是类型为人（man）的一个个体。如果我们出于简化的目的，把我们限制在这个存在形式：

fun Exist : (k : Kind) – > Verb k – > Prop

lin Exist k v = {s = "a" + + k.s + + v.s}

其证据函数是：

fun wit : (k : Kind) – > (v : Verb k) – >

　　　　　　Proof (Exist k v) – > Ref k

我们当然需要名词短语和动词短语的谓项：

fun Pred : (k : Kind) – > Name k – > Verb k – > Prop

假设有动词短语 Walk 和 Talk,我们现在可以为我们之前的例子构建一个抽象句法树:

If (Exist Man Walk)

(\x – > Pred (Pron Man (wit Man Walk x)) Talk)

练习 6-15　用这一节中的规则构建一个抽象和具体句法,并用句法分析和带照应表达式的生成进行实验。尤其是,证明你可以做句法分析和类型检查(填进所有元变量)"if a man walks the man talks"(如果一个男人走路,这个男人就说话),而不是"if a man walks the woman talks"(如果一个男人走路,那个女人就说话)。

练习 6-16*　把此节的语法推广为多语言的,可能要通过使用资源语法库。通过扩展种类(名词)的词典,构造一些例子,使其中同一个源语言的代词可以根据其类型,被以不同的方式翻译。

练习 6-17*　有定描述语比种类(kind)携带更多信息。例如,句子"the man who walks"(一个走路的男人)在"a man walks"(一个男人走路)语境中是有效表达式。定义这种表达式形式的抽象句法和线性化(例如,the Kind who Verb),既需要证据,也需要证据满足相关从句的证明。在 GF 中证明:你可以对句子"if a man walks the man who walks talks",而不是句子"if a man walks the man who talks walks"进行句法分析和类型检查。

6.11　语义定义

同任何函数编程语言一样,GF 里的抽象句法有函数声明,表明一个函数的类型。但是,我们还没有展示怎么计算这些函数:我们可以做的就是给它们提供参数,并且线性化其结果。因为我们主要的兴趣在于表达式的良构性,所以,这还不会使我们感到很麻烦。但是,我们将会在下一节里看到:当依存类型存在时,计算甚至会在表达式的良构中发挥作用。

GF 对于语义定义有一个判断形式,由关键词 def 标记。简单来说,它仅仅是一个常数的定义,例如:

fun one : Nat ;

def one = Succ Zero ;

这里,我们沿用 Haskell 惯例,对于定义函数,使用小写字母开头(例如"one"),对于构造函数,使用大写字母开头(例如"Succ"和"Zero")。这种表述惯例在 GF 中不是必须的,但可使其更加清楚。

我们也可以定义带有参数的函数:

fun twice : Nat – > Nat ;

def twice x　=　plus x x ;

这仍然是函数的最广义定义的一个特例,即一组模式方程。如下是我们如何用第二个参数上的模式匹配来计算两个数的和:

fun plus : Nat　–　>　Nat　–　>　Nat ;

def

　　plus x Zero = x ;

　　plus x (Succ y) = Succ (plus x y) ;

正如在函数编程语言中一样,计算一个表达式只要依照一系列的计算步骤进行,直到没有定义可以应用为止。例如,我们计算

plus one one ⇓

plus (Succ Zero) (Succ Zero) ⇓

Succ (plus (Succ Zero) Zero) ⇓

Succ (Succ Zero)

GF 中的计算都是利用 put_tree 命令和 compute 选项进行的,例如:

> parse – tr " 1　+　1" | put_tree – compute – tr | linearize

plus one one

Succ (Succ Zero)

s(s(0))

这里,我们使用跟踪选择 – tr 来查看中间结果。

一个语法的 def 定义在树中引出了定义相等这个概念:如果两个树被计算成相同的树,那么,它们在定义上就相等。因此,一般来说,一个计算链中所有的树(如上例所示)是定义相等的。总之,定义上相等的树可以有无穷多个。

除了计算之外,def 定义还可以与其他树一起应用于释义树中。释义将定义分别应用于树的各个部分分别向前和向后各一步:

> pt – paraphrase plus (Succ Zero) one

plus (Succ Zero) one

plus (Succ Zero) (Succ Zero)

plus one one

plus one (Succ Zero)

更加远程的释义可以通过把这个释义命令送到另一个释义命令里来生成,其可将所有的释义都作为新释义的起点。

当用 def 方程执行模式匹配时,很重要的一点是要区分构造函数和其他函数(参见 3.2 节关于具体句法里的模式匹配)。GF 拥有一种 data 判断形式,说明一个类的哪些函数是构造函数:

data Nat = Succ | Zero ;

与 Haskell 和 ML 编程语言不同,新的构造函数可以用新的 data 判断添加到类型中。构造函数的类型签名可以用一般的 fun 判断单独给出。也可以直接写为:

data Succ : Nat － > Nat ;

它是下列两个判断的句法糖:

fun Succ : Nat － > Nat ;

data Nat ＝ Succ ;

从句法上来讲,由于构造函数和变量在 GF 中是相似的,在方程进行模式匹配时,data 声明很重要。如果我们不把 Zero 标记为 data,它就会在定义中被解释为一个变量:

fun isZero : Nat － > Bool ;

def isZero Zero ＝ True ;

def isZero _ ＝ False ;

然后,函数 isZero 将对所有参数都返回 True,因为模式 Zero 会匹配所有的值。这是在 GF 中的一个常见陷阱。

练习 6-18[*+]　实现一个小的函数编程语言的解释程序,该语言具有自然数、列表,二元组、拉姆达抽象等。请使用带语义定义的高阶抽象句法。对于具体句法,使用你最喜欢的函数编程语言的符号。

6.12　内涵等式和外延等式

定义相等的一个重要特征是其外延性,即它与语义值的相同性有关。另一方面,线性化是一个内涵运算,即它遵守表达式的句法身份。这意味着 def 定义并不是作为线性化步骤被求值的。内涵性是线性化的一个重要特征,因为我们想利用它来追踪类似求值链这种东西。例如,在前一节中展示的每一个计算步骤都有一个不同的线性化为标准的算术符号:

1 ＋ 1

s(0) ＋ s(0)

s(s(0) ＋ 0)

s(s(0))

在大多数编程语言中,可在表达式中执行的运算都是外延的,即对于相同的参数,运算结果也是相同的。但是,GF 既有外延的运算,又有内涵的运算。类型检查是外延性的:在依存类型的类型理论中,类型可能依赖于表达式,而依赖于定义相等的表达式的类型也是相等的。例如:

Less Zero one

Less Zero（Succ Zero））

是相等的类型。因此，如果一个树作为"0 小于 1"的证明是类型检查正确的，那么这棵树作为"0 比其后继小"的证明也是类型检查正确的。

在智能房屋例子中（见 6.3 节），我们定义了变暗为一种应用于灯的行为：

fun Dim ：Action Light

现在，假设我们将台灯作为与灯等同的设备：

fun Lamp ：Kind

def Lamp ＝ Light

这个等式表示 Dim 也能当作 Action Lamp 发挥作用。

抽象句法中的等式常常可以利用具体句法中的自由变异交替地表达（见 2. 11 节）。例如，

lin Light ＝ mkN "lamp" ∣ mkN "light"

使用抽象句法的好处是，树清楚明了，并且翻译是可控的，能够产生其直译译文。因此，"light"总是译成德语的"Licht"，而"lamp"总是译成"Lampe"。另一方面，在一些语言里，这种处理方式并不自然，因为这些语言用于表达意义的同义词集合不相同。

6.13　语义动作和运行时转换

术语"转换"（transfer）在机器翻译中是用来对结构变化进行运算的，在从一种语言转换为另一种语言时经常使用。在 GF 中，转换常常在编译时进行，就像我们在 5.13 节中看到的那样。然而，情况并不总是这样的，因为转换有可能依赖只在运行时间时才可知的子树。幸运的是，转换函数可以定义为带有 def 定义的 fun 函数。

转换的一个例子是聚合，意指共同成分的共享。例如句子"John runs or John walks"，通过共享共同主语，可以转换为"John runs or walks"。为改进风格和减少歧义，聚合在许多自然语言生成系统中使用。图 46 中的抽象句法定义了最小聚合系统，其中名词短语（如上所示）和动词短语（如在句子"John or Mary runs"）是可以共享的。

要在运行时使用转换函数，put_tree 命令可以与表示转换函数的标志 –transfer 一起使用。下面的命令显示了聚合管道里每一阶段的踪迹，这里假设 Aggregation 语法有一个恰当的具体句法：

```
> p – tr "John runs or Mary runs" |
                 pt – tr – transfer = aggr | l
ConjS ( PredVP John Run ) ( PredVP Mary Run )
PredVP ( ConjNP John Mary ) Run
John or Mary runs
```

```
abstract Aggregation = {
  cat S ; NP ; VP ;
  data
    PredVP : NP -> VP -> S ;
    ConjS  : S -> S -> S ;
    ConjVP : VP -> VP -> VP ;
    ConjNP : NP -> NP -> NP ;
    Run, Walk : VP ;
    John, Mary : NP ;

  fun aggr : S -> S ; -- main aggregation function
  def aggr (ConjS (PredVP x X) (PredVP y Y)) =
    ifS (eqNP x y)
      (PredVP x (ConjVP X Y))
      (ifS (eqVP X Y)
        (PredVP (ConjNP x y) X)
        (ConjS (PredVP x X) (PredVP y Y))) ;
  fun ifS : Bool -> S -> S -> S ; -- if then else
  def
    ifS True  x _ = x ;
    ifS False _ y = y ;
  fun eqNP : NP -> NP -> Bool ;  -- x == y
  def
    eqNP John John = True ;
    eqNP Mary Mary = True ;
    eqNP _ _ = False ;
  fun eqVP : VP -> VP -> Bool ;  -- X == Y
  def
    eqVP Run  Run  = True ;
    eqVP Walk Walk = True ;
    eqVP _ _ = False ;
  cat Bool ; data True, False : Bool ;
}
```

图 46　一个最小的聚合系统

图 46 中的代码显示了在 GF 中定义聚合和其他运行时转换函数是可能的，它也显示了 def 定义作为一种编程语言是多么的原始。例如，布尔值、if-then-else 表达式，以及相等谓词得由编程人员加以定义，只有应用函数符号是可用的。因此，编写转换函数的一个更高效的方法是可以通过使用宿主语言，例如带有嵌入语法的 Haskell。我们将在 7.8 节里再讨论这个话题。

那么，什么时候需要运行时转换呢？一般的答案来自 GF 的一个基本的特性：线性化是可以组合的（compositional）。组合的意思是任何树的线性化都是其

子树线性化的一个函数。换句话说，

$$(f\ x_1 \cdots x_n)^* = f^*\ x_1^* \cdots x_n^*$$

在这里 t^* 是树 t 的线性化，f^* 是函数 f 的线性化函数。这意味着，线性化不能检查子树结构本身，而只能检查它们的线性化。因此，无论什么时候，当运算不是组合运算时，在 GF 中它就不能被编码为线性化，因此需要运行时转换。聚合是这种运算的一个例子，即使聚合的有限实例（即有限长度的析取项），像上面的例子，可以在理论上由参数进行编码。在不同基数的数字系统之间的翻译是非组合运算的一个明显例子（参见下面的练习）。

练习 6-19[*]　编写一个 Aggregation 的具体句法，并在 GF 命令解释程序里测试语法。需要注意的是，我们已使用"or"作为唯一的连词，简化了名词短语的数的一致；然而，如果使用资源语法来定义线性化，那么，使用 and 也没有其他的问题了。

练习 6-20[*]　"A and B or C"形式的英语短语是有歧义的。推广 Aggregation 语法：用"and"或者"or"，作为连接的额外参数，并相应地对聚合进行推广。举一个例子以说明聚合的确解决了一个歧义。

练习 6-21[*]　把 aggr 函数推广到任意重复，使其可将句子"John walks or John runs or John walks"变成"John walks or runs or walks"。

练习 6-22[*]　有时，语言会对共现词加以特殊限制。比如，在 Food 语法（2.6 节 图 12）里，短语"very delicious"里的词"very"可能在其他语言里显得多余而笨拙。但可以通过一个合适的转换函数将它移除，而不必改变语法。定义该函数，将其放在顶层 Comments 中，且假定意大利语不允许"molto"与"delizioso"组合在从英语翻译成意大利语的过程中对其进行测试。

练习 6-23[*+]　GF 网页包含了 88 种语言的数字系统多语言语法（见 GF/example/numerals）。这是有可能的，因为数字系统在所有这些语言系统中都是十进制的（基数为 10），至少对一定规模以上的数字来说。如果我们想在二进制数（基数为 2）和十进制数之间翻译，不能使用一个公共的抽象句法加线性化，而是需要一个转换函数。现在，因为其有限的编程构件，尤其是缺少内置算术，在 GF 里编写这样的函数是冗长乏味的。然而，同样的想法通过二进制数和一进制数（基数为 1，即构造函数为 Zero 和 Succ 的 Nat 类型）则很容易加以定义。通过两个分开的类 Nat 和 Bin 以及转换函数 bin2nat 和 nat2bin，在 GF 里实现上述想法。通过随机生成的数字并将其来回转换，测试你的转换。

6.14　预定义类

除了由 cat 判断定义的类，GF 有三个内置抽象句法类。

- 整数类型 Int，如：987031434， -6
- 浮点数类型 Float，如：7.21， -6.0
- 字符串文字类型 String，如："foo"

正如例子所示，这些类型的句法树都是文字(literals)。这样的文字是内置式类型的唯一对象：语法中不允许声明以这些类型作为值类型的 fun 函数。文字长度可以是任意的，字符串文字中的空格被视为真实空格字符。

每一个内置式类的线性化类型是记录类型{s :Str}。因此，比如说，整数文字 5457 可线性化为：

{s = "5457"}

字符串文字"hello world"可线性化为：

{s = "\"hello world\""}

这里，按照惯例，引号里面的文字引号被反斜线符号转义。

6.15 概率 GF 语法

在概率上下文无关文法中，每一条规则都有相关的概率。概率是 0 与 1 之间的实数，有着相同值范畴的规则的概率总和应该是 1。这个理念被很自然地推广到了概率 GF 语法中，是通过给抽象句法的 fun 函数指派概率获得的。

GF 语言没有概率符号，但 GF 命令解释程序支持概率配置文件的使用。这些文件句法简单：每一行只包括一个函数名和一个浮点数，由空格隔开。例如，Food 语法（见2.6 节中的图 12）能给出以下概率配置文件：

This 0.8

Mod 0.2

Wine 0.0

Fresh 0.4

正如这个例子所示，概率配置文件可以是一部分：剩下的概率质量在剩下的函数里被均匀地分配。因此，举个例子，因为 This 和 That 是 Item 的两个构造函数，所以 That 得到的概率为 0.2。

最明显用到概率的地方是随机生成。这是通过使用标记 -probs 完成的，其值是配置文件的名字。如果以上四行被写入文件 Food. probs 里，我们可以使用下列命令：

> generate_random - probs = Food. probs

一个派生用法是在翻译测验里（见2.7 节）。自然地，此句法是：

> translation_quiz - from = Eng - to = Ita - probs = Food. probs

除了带元变量的树（见2.10 节），这里给语言学习者提供了另一种，可把测验限制在整个语言的一个子集里的方法。

从函数概率着手,我们可以定义树概率为所有用来构建抽象句法树的函数的乘积。当给定许多树时,它们可以由命令 rank_trees ＝ rt 加概率配置文件的标志来指定等级。等级的典型用途是对句法分析结果进行消歧。从而:

> parse "STRING" ｜ rt − probs ＝ foo. probs ｜ pt − number ＝ 5

按照等级恰好展示了五个最好的树。另一种用途是对释义的分等级(见 6. 11 节)。例如,一个自然语言生成系统可能会使用语言依存关系树的等级进行释义,来挑选每一个目标语言中的最佳表达式。

当使用概率时,一个很明显的问题是它们来自哪里。在典型的计算语言学任务中,它们是根据自然收集的例子中的频率抽取的。在一个交互式的 GF 系统中,如 Web 服务(参见 7. 10 节),实际用户的输入可以被记录并用于建立该集合。但是,即使没有使用真正的频率,概率配置文件可以作为一种廉价的方式定制语法,完成诸如练习生成这样的任务。

练习 6-24　在 Food 语法中生成 100 个随机树,并计算 This 和 That 的频率,以验证生成器遵守了概率。

第 II 部分　更大规模语法及其应用

第 7 章　嵌入语法与代码生成

嵌入语法是 GF 语法,是作为用其他语言(如 Haskell、Java 和 JavaScript)编写的程序的一部分使用的。那些用于编写程序的主要部分的语言,称作宿主语言。嵌入语法可用于构建系统,在这样的系统中,基于语法的处理与用宿主语言编写的部分可以结合。

除了嵌入通用宿主语言中的语法外,为保证互操作性可能需要一些特殊形式的语法,尤其是语音识别的语言模型。非常重要的是,这些形式能够像其他处理组件一样,从同一种语法中自动生成,以保证组件之间的统一性,并通过减少人工劳动来提高效率。本章将讨论以下问题:

- PGF,即多语言 GF 语法的便携格式
- PGF 的宿主语言应用程序界面(API)
- 宿主语言中抽象句法树的操控
- 独立翻译程序
- 问答系统
- 多语言句法编辑器
- 网络服务
- 移动电话应用
- 语音识别的语言模型
- 多模式对话系统

7.1　可移植语法格式

GF 语法被编译为一种低级的二进制格式,称为 PGF,即可移植语法格式(Portable Grammar Format)。GF 命令解释程序完全在内存里完成编译,但通过把 GF 作为批处理编译器运行,PGF 文件可以被保存,供稍后使用。这是通过调用带有选项 – make 的命令 gf 及语法文件列表实现的:

$ gf – make CONCRETE1. gf … CONCRETEn. gf

CONCRETE 语法必须拥有相同的抽象句法 ABS。这一指令的结果是产生一个 ABS. pgf 格式的文件,它是一个二进制文件,包含由 CONCRETE 语法定义

的、预编译的并进行过优化的多语言语法。

　　格式为 . pgf 的文件也可导入 GF 系统中,系统会自动识别后缀名为 . pgf 的文件。实际上,PGF 是最终语法产品发布的推荐格式,因为多余信息已被滤去,与分散的模块集相比,它可以快速部署和投入应用。由于它们不需要 GF 语法编译器(gf 程序),因此可以在更加广泛的平台上运行,比如可以在手机上应用。

　　把 GF 作为批处理编译器使用及其相关的选项等内容在附录 E. 2 节中介绍。

7.2　嵌入解释器及其 API

　　PGF 解释器是一种微型 GF 系统,可以进行句法分析、线性化、随机生成以及对语法进行类型检查。但是,它只能执行 GF 系统动作的一个子集。例如,它不能将源语法编译为 PGF 格式;编译器是 GF 系统负荷最大的组件,所以不应被带到终端用户应用中。由于 PGF 比源 GF 更加简单,所以,相对而言,创建一个解释器是很容易的。一个功能全面的解释器现在(2010 年夏)存在于 Haskell 中,也有一个不带依存类型的解释器存在于 Java 中。这些解释器将后缀名为 . pgf 的文件作为输入。JavaScript 里也有一个解释器,但它不读取后缀名为 . pgf 的文件,而只读取通过 gf – make 从 . gf 和 . pgf 文件生成的 JavaScript 文件,见 7. 11 节。

　　应用编程者一般不需要阅读或修改嵌入的 GF 解释器。他们只需通过 API 使用解释器即可。下面,我们来看看 Haskell、Java, 和 JavaScript 中的 API,并展示一些使用它们的应用程序。

7.3　Haskell 中的嵌入 GF 应用

　　Haskell 是一种类型化函数式编程语言,与 GF 在许多方面有紧密联系。GF 的发明者一直从事 Haskell 的教学和开发。因此,Haskell 是 GF 的灵感来源。实际上,GF 借用了 Haskell 许多概念和符号。Haskell 也是 GF 语法编译器的实现语言。

　　与 GF 不同,Haskell 是一种通用目的的语言,其编译器能一路向下编译至生成本地机器代码。然而,语言处理是 Haskell 最强大的应用之一——传统上是编译器中对编程语言的处理,但最近也应用于对自然语言的处理。Doets 和 van Eijck 2006 年编写了一本书,介绍了这方面的知识,有计算语言学背景的读者可以阅读一下。最新的介绍 Haskell 的书是 Sullivan 等人(2008 年)编写的,书中展示了人们对 Haskell 日益增长的兴趣。

我们希望即使是不熟悉 Haskell 的读者也能读懂下面的内容。Haskell 是一种简明语言,其符号与 GF 及数学符号十分接近。尤其是,句法树的递归类型及模式匹配在 Haskell 和 GF 里都十分相似。在 Java 这样的语言中,以上这些构件需要用像抽象类和访问模式等高级概念来进行复杂的编码。

7.4　PGF 模块

嵌入 Haskell 的 API 的主要函数如图 47 所示。在大部分应用程序中,这个名为 PGF 的模块是唯一需要载入的一个与 GF 相关的模块。

```
readPGF :: FilePath -> IO PGF

linearize :: PGF -> Language -> Tree -> String
parse :: PGF -> Language -> Category -> String -> [Tree]

linearizeAll     :: PGF -> Tree -> [String]
linearizeAllLang :: PGF -> Tree -> [(Language,String)]

parseAll :: PGF -> Category -> String -> [[Tree]]
parseAllLang ::
  PGF -> Category -> String -> [(Language,[Tree])]

languages  :: PGF -> [Language]
categories :: PGF -> [Category]
startCat   :: PGF -> Category
```

图 47　Haskell 中嵌入的 PGF 解释器的 API 的一部分

第一个函数 readPGF 是用于从一个文件中读取一个 PGF 语法的,它可用于任何启用了 IO 的 Haskell 函数。它的用法的一个典型例子如图 48 所示。接下来的两个函数,linearize 和 parse 用给定的 PGF 语法和语言执行线性化和句法分析。这些函数的 All 变体同时使用所有语言;其中,AllLang 变体还显示了附着在每个字符串或树上的语言名称。最后三个函数从 PGF 语法中抽取信息,确定有什么语言和范畴,以及起始范畴是什么。

7.5　独立翻译器

让我们先构建一个独立翻译器,可在任何多语言语法里进行语言之间的翻译。这个翻译器的所有代码即为文件 Translator.hs,如图 48 所示。

要运行这个翻译器,我们首先使用 Haskell 的编译器 GHC(Glasgow Haskell

```
module Main where

import PGF
import System (getArgs)

main :: IO ()
main = do
  file:_ <- getArgs
  gr      <- readPGF file
  interact (translate gr)

translate :: PGF -> String -> String
translate gr s = case parseAllLang gr (startCat gr) s of
  (lg,t:_):_ -> unlines
    [linearize gr l t | l <- languages gr, l /= lg]
  _ -> "NO PARSE"
```

图 48 Haskell 中一个独立的多语言翻译器

编译器, 可从 http: //haskell. org/ghc/免费获得)。我们使用 - o 标志来生成一个名为 trans 的可执行文件:

　　$ ghc - - make - o trans Translator. hs

然后,生成一个 PGF 文件。例如,Food 语法集可以编译为 PGF,如下:

　　$ gf - make FoodEng. gf FoodIta. gf

这就生成了文件 Food. pgf。

Haskell 库函数 interact 使 trans 程序如同 Unix 过滤器一样工作,即从标准输入读取,并写到标准输出。因此,它可以是一个管道的一部分,能够读取并输出文件。最简单的翻译方法就是用 echo 把输入给程序:

　　$ echo "this wine is delicious" ｜ ./trans Food. pgf

　　questo vino è delizioso

结果能够显示除输入语言外所有语言的译文,正如翻译器最复杂的命令行所定义的那样:

　　(lg,t:_):_ - > unlines

　　　[linearize gr t | l < - languages gr, l / = lg]

模式(lg,t:_)与解析结果列表相匹配,该列表包含至少一个元素,并且能够从它返回语言 lg 和第一个解析树 t。它能把 t 在每一种语言 l 中的线性化以单独一行的形式(通过 unlines)返回,而且这种语言 l 不等于(/ =)源语言 lg。

　　练习 7-1 编译和测试 Food 语法以及其他一些语法的翻译器。

7.6 翻译器循环

如果用户想要依次翻译许多表达式,那么一遍又一遍地重新启动翻译器是很麻烦的,因为从 PGF 文件阅读语法总是需要一些时间。上一节讲的翻译器很容易被修改以满足这一要求:在主函数里只需将 interact 改变为 loop 即可,虽然这不是一个标准的 Haskell 函数,但却能按如下方式定义:

```
loop :: (String - > String) - > IO ( )
loop trans = do
  s < - getLine
  if s = = "quit" then putStrLn "bye" else do
    putStrLn $ trans s
    loop trans
```

这一函数 loop 持续一行行地进行翻译,直到输入行的内容为 quit 为止。

7.7 答疑系统

从技术上讲,下一个应用也是翻译器,但它给语法增加了一个转换构件。转移是一个函数,能够把输入的语法树转变成另外一个语法树,然后线性化并展示给用户。我们将要使用的转换函数能够计算出问题的答案。该程序接收关于算术的简单问题,并且能够用提问题的语言给出"是"或"否"的答案:

is 123 prime ?

No.

77 est impair ?

Oui.

图 49 展示了一个查询语言的抽象句法。它有问题和答案的范畴。答案只是"是"或"否",查询仅限整数及其偶数、奇数和质数等属性。

源文件 Query. gf

生成文件 Query. hs

需要对纯翻译器作的主要改变是 translate 类型里的一个额外参数:类型 Tree - >Tree 的转换函数,

translate :: (Tree - > Tree) - > PGF - > String - > String

你可以把普通翻译作为一种特例,即转换是恒等函数(在 Haskell 里是 id)。

在不同的语言里,返回答案的行为也应改变,使答案可以在同一语言里返回。下面是更新的 translate 的完整定义:

```
                    abstract Query = {
                    flags startcat=Question ;
                    cat
                      Answer ; Question ; Object ;
                    fun
                      Even    : Object -> Question ;
                      Odd     : Object -> Question ;
                      Prime   : Object -> Question ;
                      Number  : Int -> Object ;
                      Yes     : Answer ;
                      No      : Answer ;
                    }

module Query where

data GAnswer = GYes | GNo
data GObject = GNumber GInt
data GQuestion =
  GPrime GObject | GOdd GObject | GEven GObject

instance Gf GQuestion where
  gf (GEven x1) = mkApp (mkCId "Even") [gf x1]
  gf (GOdd x1) = mkApp (mkCId "Odd") [gf x1]
  gf (GPrime x1) = mkApp (mkCId "Prime") [gf x1]
  fg t = case unApp t of
    Just (i,[x1]) | i == mkCId "Even" -> GEven (fg x1)
    Just (i,[x1]) | i == mkCId "Odd" -> GOdd (fg x1)
    Just (i,[x1]) | i == mkCId "Prime" -> GPrime (fg x1)
    _ -> error ("no Question " ++ show t)
```

图 49　一个简单问询系统的抽象句法及输出的带有 GF 类属实例的 Haskell 数据类型

```
translate trf gr  =
  case parseAllLang gr ( startCat gr) s of
    ( lg,t:_):_  - > linearize gr lg ( trf t)
    _  - > " NO PARSE"
```

要完成这一系统,我们必须定义转换函数。那么,我们如何定义一个从抽象句法树到抽象句法树的函数呢? 这将是下一节的主题。

练习 7-2　写两个查询的具体句法,可以是以字符串为基础的,或是使用资源语法的。

7.8 GF 数据类型的输出

PGF API 不把类型 Tree 的构造函数提供给用户使用。即使可以提供给用户使用,使用这个类型将会相当复杂,程序员可能错误地生成在 GF 中存在类型问题的树,因此可能造成无法实现线性化。解决这个问题的方法是,把 GF 范畴作为主语言中的一类数据类型输出。在 Haskell 中,很简单的想法是将 GF 的树构造函数(fun 函数)转换成 Haskell 中的数据构造函数(data 定义中的分支)。在大多数情况下,GF 和 Haskell 有充分的相似性可以实现上述想法,只有依存类型和高阶抽象句法不被支持。类似的转换在 Java 和 C 语言中也是可能的,只是并不那么直接。

我们的做法是,将存在于 GF 抽象句法中的每一个范畴翻译为一个 Haskell 数据类型。生成该范畴的值的函数则被视为构造函数。例如,在前面的章节中所定义的自然数的范畴被转换如下:

cat Nat ;		data GNat =
fun Zero : Nat ;	= = >	GZero
fun Succ : Nat – > Nat ;		| GZero Gnat

所有的类型和构造函数名字前都加前缀 G,以防止与标准的 Haskell 函数及关键词冲突,并保证所有这些名字都有大写的首字母,后者是 Haskell 所要求的,但并非 GF。

更加复杂的转换如图 49 所示。它涵盖了几种类型的一个系统,正如 GF 源文件 Query. gf 所定义的那样。一般来说,这样的类型可以相互递归。翻译是通过 GF 使用带有 – output – format 标志的批处理编译器而获得的:

$ gf – make – output – format = haskell Query. gf

结果是一个以 Query. hs 命名的文件,它包含一个名为 Query 的模块。

现在,可以通过使用图 49 中 Haskell 数据类型定义在抽象句法树上的 Haskell 函数。Haskell 的类型检查保证了涉及 GF 的函数是良类型。这种语言的问答函数如图 50 所示。我们用来把输入转换为输出的主要转换函数是 answer。

唯一的问题是 answer 函数的类型:PGF API 的句法分析和线性化方法对 Trees 起作用,但对 GQuestion 和 GAnswers 不起作用。幸运的是,Haskell 对 GF 的翻译解决了类型 Tree 和生成的数据类型之间的翻译。这是通过按照被要求的翻译方法使用一个类属来实现的:

class Gf a where

    gf :: a – > Tree

```
module Answer where

import PGF (Tree)
import Query

transfer :: Tree -> Tree
transfer = gf . answer . fg

answer :: GQuestion -> GAnswer
answer p = case p of
  GOdd x   -> test odd x
  GEven x  -> test even x
  GPrime x -> test prime x

value :: GObject -> Int
value e = case e of
  GNumber (GInt i) -> i

test :: (Int -> Bool) -> GObject -> GAnswer
test f x = if f (value x) then GYes else GNo

prime :: Int -> Bool
prime x = elem x primes where
  primes = sieve [2 .. x]
  sieve (p:xs) = p : sieve [n | n <- xs, mod n p > 0]
  sieve [] = []
```

图 50　Query 语言的一个问答函数

```
fg :: Tree - > a
```

Haskell 代码生成器也生成这个类属和它的实例,作为 Haskell 文件的一部分,如图 49 所示。不用说,生成的 Query. hs 文件从不需要程序员过问,更不用说改变它了:只要了解它包含了抽象句法和 Haskell 的数据类型之间的系统性编码和解码就足够了,其中,

- 所有 GF 名字在 Haskell 中都加前缀 G
- gf 将 Haskell 对象翻译为 GF 树
- fg 将 GF 树翻译为 Haskell 对象

为获得这些工具,Answer 必须输入生成的 Query 模块。

练习 7-3* 通过使用图 46 的只取决于 aggr 定义的抽象句法,定义 6.13 节 Haskell 里的聚合函数。现在应该很容易将其概括为迭代聚合及任意大的词典。

7.9 将其全部放在一起

顶层 Haskell 模块 QuerySystem 的完整代码如图 51 所示。为了编译,除了 PGF API,它只需要来自 Answer 的 transfer 函数。Query. pgf 语法在 main 函数里是硬编码,当然,Answer 模块依赖从 Query 抽象句法生成的 Haskell 数据类型系统。

```haskell
module Main where

import PGF
import Answer (transfer)

main :: IO ()
main = do
  gr <- readPGF "Query.pgf"
  loop (translate transfer gr)

loop :: (String -> String) -> IO ()
loop trans = do
  s <- getLine
  if s == "quit" then putStrLn "bye" else do
    putStrLn $ trans s
    loop trans

translate :: (Tree -> Tree) -> PGF -> String -> String
translate tr gr s =
  case parseAllLang gr (startCat gr) s of
    (lg,t:_):_ -> linearize gr lg (tr t)
    _ -> "NO PARSE"
```

图 51　QuerySystem. hs 文件,问询系统的 Haskell 主模块

为使系统自动生成,我们可编写一个文件 Makefile,它可生成 PGF 文件及 Haskell 数据类型文件(第 1 行),然后编译 Haskell 文件(第 2 行):

all:

gf　– make　– output – format = haskell Query???. gf

ghc　– – make　– o query QuerySystem. hs

(注意:在 Makefile 里命令行前端的空段必须是 tab 键。)现在我们可以编译整个系统,只需键入

$　make

然后,键入

```
$ ./query
```

就可运行系统。为了能够分析一些问题,我们需要至少一个 Query 的具体
句法,但是要注意,我们已展示的所有代码都是不受具体句法的数量及语言种类
的影响的。文件模式 Query???. gf 可以编译所有文件。

总而言之,应用程序的源文件由以下文件组成:

Makefile　　　　　　　——编译应用程序的命令

Query. gf　　　　　　　——抽象句法

Query???. gf　　　　　——每种语言的具体句法

Answer. hs　　　　　　——从问题到答案的函数

QuerySystem. hs　　　　——Haskell 主模块

所有需要的其他文件(Query. hs 和 Query. pgf)通过 make 命令生成。

练习 7-4* 　编译查询系统,并用不同的语法和询问测试它。

练习 7-5** 　用新的问题形式扩展这个查询系统,比如

· what is the product of 2, 3 and 4

· which numbers is 91 divisible by

答案必须相应地覆盖整数和整数的列表。

7.10　网络服务器应用程序

除了本地运行的应用程序,PGF 文件也可以用于网络服务器。网络服务器
使用 Haskell 库,使得 PGF 解释器通过 HTTP 与客户交流。在客户端,JavaScript
被用来构建适用于所有 PGF 语法的通用用户界面;然而,这些界面是基于通用
库的,也可为特定的应用进一步定制。

利用已有库可以随时(无需任何编程地)构建的一个服务器是贴在冰箱门
上的诗歌磁片。它是一个应用程序,使用一个增量解析器来建议下一个语法正
确的单词(见 2.3 节的增量解析)。图 52 中上面的图显示了应用于 Foods 语法
的一个例子。由于增量解析,只有形容词的阴性形式被推荐用于“quella pizza”
之后。图 52 中下面的图显示了同一服务器可输入字母的一个界面,它建议已开
始词的可能接续词。

GF 网站为服务器及网络界面提供了可用库,包括冰箱磁片。由于这是一个
迅速发展的领域,我们在书后附上了指向最新文档以及冰箱磁片应用的完整源
代码的网页地址。

图 52　通过两种输入模式(冰箱磁片和文本输入)的意大利语食品语法的增量解析

7.11　其他宿主语言的嵌入语法

为嵌入 GF 的应用作为宿主语言,Java 是 Haskell 的一个替代。图 47 中,Java API 提供了与 Haskell 类似的功能,例如,把 PGF 语法作为 Java 的对象,从文件中读取语法,进行线性化和句法分析。像显示给 Java 程序员看的那样,图 53 列出了一些相关的类属及方法。

```
public class PGF { ... }

public class PGFBuilder
{... public static PGF fromFile (String filename) ...}

public class Linearizer
{... public String linearizeString(Tree absyn) ...}

public class Parser
{... public ParseState parse(String phrase) ...}
```

图 53　Java 中一些嵌入式 GF 解释器工具

写代码时,Java 中的嵌入式 PGF 解释器不如 Haskell 中的解释器那样完整。它的目的是使它平滑,可以将 GF 整合到 Java 程序里。其一个特殊用途是运行安卓操作系统的手机,因为这些手机支持 Java 程序在手机本身里运行。图 54 (左边)展示了运行于安卓手机上的一个冰箱磁片应用程序。

即使 Java 是一个广泛使用的语言,并增加了 GF 在函数编程界以外的应用,但它并不总是一个选择。例如,手机不总支持 Java;苹果的 iPhone 手机就是个例子。实际上,在不同平台上最为广泛支持的语言之一是 JavaScript,它是一种

图 54　（左边）运行在安卓手机上的基于 Java 的冰箱磁片翻译器；"Say it" 按钮控启动语音合成；（右边）运行在 iPhone 手机上的基于 JavaScript 的数字翻译器

简单的、非类型的语言，几乎在所有的网络浏览器，包括移动平台上都可使用。因此，可在网页浏览器上运行的 JavaScript 成为了应用程序中最可移植的格式之一，即使不是最有效率的格式。它也是为手持设备编写程序最直接的方式。图 54（右边）展示了一个基于 JavaScript 并运行在苹果 iPhone 手机上的翻译器。它可将数字序列译为 15 种语言的数值表达式。

　　JavaScript 嵌入语法解释器无法读取 PGF 文件，但期望 PGF 语法被编译为 JavaScript 代码。这可以通过在 GF 的批处理编译器中使用标志 – printer = js 来实现。生成的语法代码可以从一个 HTML 页面和一个支持 JavaScript 运行时的库来访问。

　　目前，除了 Haskell、Java 和 JavaScript 以外，嵌入语法也适用于 C 语言和 Python 语言。C 语言绑定目前使用外部函数访问由 Haskell 源代码编译来的解释器。而 Python 语言绑定转而连接到 C 语言代码，正如它通常的做法。它们可以用于连接自然语言工具包（NLTK）（Bird & al. 2009）。

7.12　多语言句法编辑

　　使用多语言语法的一个方法是通过一个句法编辑器。它是一个可使用户一步步地建立一个抽象句法树的程序。演变中的树通过线性化同时以不同的语言呈现。图 55 展示了一个句法编辑器（在 JavaScript 中执行，在网页浏览器上运行）的三个屏幕截图。

（a）编辑初始状态

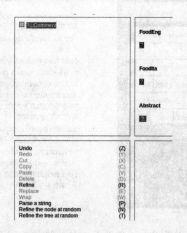

（b）细化菜单

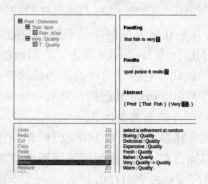

（c）改变一个子树

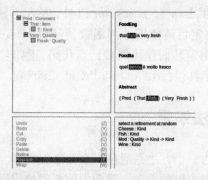

图55　嵌入网页的一个句法编辑器的三种状态

通过从"New"菜单中选取一个范畴，句法编辑过程开始。然后，选取

Comment 创建一个新的 Comment 类型树。一个新树通常是完全不可知的：它只由一个元变量"？"组成。图 55 中的截图（a）展示了这一阶段的编辑器。

通过不断细化，编辑继续进行，即从菜单中选择构造函数，直到没有元变量为止。图 55 中的截图（b）展示了一个带有 Quality 元变量的树，以及可用的细化菜单。截图（c）展示了带有一个完整树的编辑器。

即使树已完整，编辑仍可继续。通过点击它或线性化的相应部分，用户可以将焦点转移至一些子树。在图 55 的截图（c）中，焦点在"fish"上。由于无元变量，没有可能细化，但有其他的可能选择：

· 用"cheese"或"wine"代替"fish"

· 删除"fish"，即将它变为一个元变量

· 将"fish"包扎，即将其变成 Mod ? Fish，这样修饰特性的选择就被推迟到后面的细化。

除了基于菜单的编辑，句法编辑器还支持通过句法分析的细化。如果句法分析器给出了不止一个结果，用户就会看到一份带有多个可能树的菜单。

练习 7-6　通过使用句法编辑器（本书的网页上提供），构建句子："this very expensive cheese is very very delicious"（这个非常昂贵的奶酪特别特别好吃）和它的意大利语译文。

7.13　语音识别的语言模型

在有语音输入的系统中，处理的第一步便是语音识别，也被称为音文转换。一个语音识别系统，为每一种语言都有一个声学模型，它定义了语言的声音及声音的序列。它还有一个词典，用来具体说明哪些声音组合实际上是词。最后，还有一个语言模型，定义了哪些词语组合是可能的。语言模型去除了无意义的组合，即在参考了声学模型和词典后，留下的输入的可能解释。例如，下列词的字符串在发音上是一样的：

their must be ice

there must be eyes

there must be ice

然而，一个基于语法或数据的常见语言模型可以排除第一句的解释。一个更具体的、考虑到话语使用的语境的语言模型，可能排除第二或第三句的输出，这取决于说话时的语境。

语言模型主要分为基于统计的语言模型和基于语法的语言模型。统计语言模型通常是基于从语料库得到的 N 元统计模型（参见 1.3 节）。而基于语法的语言模型是规则系统，典型的是上下文无关文法规则。一个广泛使用的规则格

式是 GSL,它已被用于了 Nuance 语音识别系统中（http：//www. nuance. com/）。

在一个系统中,如果口语语言模型与文本句法分析器一致,会有助于音文转换及通过句法分析器对文本的进一步处理。而要保证口语语言模型与文本句法分析器的一致性,最终办法是要保证二者均为单一源。如果句法分析器源自 GF 语法,那么,用同样方法对待口语语言模型是很自然的事。为此,GF 语法对包括 GSL 在内的语音识别系统有几种不同格式的编译器。它们都是由 gf – make 生成,并有合适的输出格式说明,像 gsl：

$ gf – make – output – format = gsl FoodsEng. gf

该指令的执行结果是上下文无关的 Nuance 语法,如图 56 所示。

```
;GSL2.0
; Nuance speech recognition grammar for FoodsEng
; Generated by GF
.MAIN Comment_cat
Item_1 [("that" Kind_1) ("this" Kind_1)]
Item_2 [("these" Kind_2) ("those" Kind_2)]
Item_cat [Item_1 Item_2]
Kind_1 ["cheese" "fish" "pizza" (Quality_1 Kind_1)
        "wine"]
Kind_2 ["cheeses" "fish" "pizzas"
        (Quality_1 Kind_2) "wines"]
Kind_cat [Kind_1 Kind_2]
Comment_1 [(Item_1 "is" Quality_1)
        (Item_2 "are" Quality_1)]
Comment_cat Comment_1
Quality_1 ["boring" "delicious" "expensive"
        "fresh" "italian" ("very" Quality_1) "warm"]
Quality_cat Quality_1
```

图 56　由 GF 生成的 GSF/Nuance 格式的语音识别语法

还有许多其他的格式,包括 Java 语音语法格式（JSGF）、SRGS ABNF 和 XML 格式,这些均为上下文无关的格式,及 HTK SLF 格式的有限自动机。所有当前可用的格式都在 GF 的 help pg 里列出了。

HTK SLF 格式是语法的有限状态近似。GF – HTK 编译器也可为自动机图的可视化生成图形可视化软件工具代码,在 1.5 节的图 5 有一个例子。

以各种格式生成上下文无关的文法和常规语法在布林格特（Bringert,2008）的著作中有详细讲解。

7.14　统计语言模型

一个替代基于语法的语言模型的方法是统计语言模型（SLM, statistical language models）。一个 SLM 是从语料库，即话语集合中构建的。它指定每一个 n 元（n-gram），即 n 个词的序列的概率。n 的典型值是 2（2 元）和 3（3 元）。

与基于语法的模型相比，SLM 的一个优势是它们的健壮性，即它们可以用来识别不在语法或语料库之内的序列。另一个优势是，如果语料库是现成的，构建 SLM 模型可以是"免费"的。

然而，搜集资料构建语料库需要大量工作，而编写语法就不那么耗时，尤其是拥有像 GF 或 Regulus（Rayner & al. ,2006）这样的工具时。语法的这一优势可以与从综合语料库中创建备份 SLM 模型而得到的健壮性相结合。这就意味着语法仅仅被用来生成一组字符串。在 GF 中，可以通过 generate. trees 指令和管道实现线性化。

> generate_trees | linearize

如果毫无意义的话语被排除在语料库之外，就像和基于语法的模型结合了一样，SLM 模型的质量会更好。因此，通过 GF 语法生成 SLM 的一个好方法是利用语义驱动的应用语法。我们还可以利用带有偏概率的随机生成来控制语料库中的构成分布，详细方法请参见 6. 15 节。

Jonson（2006）实施了从 GF 语法综合的语料库中创建统计语言模型的方法，并且还对其进行了评估。

7.15　多模态对话系统

对话系统是我们能够想象的最复杂的语言处理系统，因为这些系统涉及语言理解与生成的完整过程：

- 从语音到文本输入的语音识别
- 从文本输入到其形式表示法的句法分析
- 从输入到回答的对话管理器
- 从形式回答到文本的线性化
- 从文本到语音的语音合成

注意其与编译器工作过程的类比。在现代编译器里，进行处理的主要部分是在抽象句法树层次。同样，对话系统最核心的部分是对话管理器，负责语义解释、查询数据库、更新对话的信息状态等等。由于对话管理器操控形式表达，又可以不受语言的影响，类似于 GF 的技术可以用于使对话系统实现多语：对每种新的语言,只需实现最外层部分的本地化,而不必对对话管理器进行操作。不难看出,用于语音识别的某一特定领域的语言模型能够从作为句法分析器的同一语法中生成。此外,正如 Cooper 和 Ranta(2004)、Bringert(2008)以及 Larsson 和 Ljunglof(2008)等人所展示的那样,对话管理器的核心部分可从一个抽象句法中得到,这一想法类似于 7.12 节中讨论的句法编辑器。

似乎上面所描述的对话系统还不算复杂,而另一个组成成分常常被引入到这一结构中:多模态。这意味着用户除了语音外,还可以有更多的输入方式,最典型的是点击鼠标。将语音和点击鼠标整合为一种输入形式是传统语言学中指示词概念的一个实例,即可以通过指向手势得到其意义的表示法。因此,一个人可以指着地图说:

I want to go from this place to this place(我想从这儿到这儿)

语音部分只表明这个人想要移动,而指示手势能增加信息:从哪儿到哪儿。

在指示词表达式中,

携带意义的单元 = 词 + 指向

在对话系统中,这被称为集成多模态。指向是指一次鼠标点击或其他机器可观察的操作。系统会记录指向的坐标,并从其构建意义表示,例如

want_go(place(123,45))(place(98,10))

从构建对话系统的经验得知,语音和指向手势不必同步:鼠标点击可以出现在口语话语出现前后的任何时间:

I want to go from this place(点击鼠标)to this place(点击鼠标)

(点击鼠标 点击鼠标)I want to go from this place to this place

I want to go from this place to this place(点击鼠标 点击鼠标)

实际上,像鼠标这样的设备很难使点击恰好在某人说"this"时同时发生。至关重要的是顺序:第一次点击需要对应第一次说的"this",第二次点击对应第二个"this"。

我们如何在句法分析时组合构建一个多模态输入的语义值? 我们需要异步句法分析概念,将语音和鼠标点击这两种异步输入字符串融合成一个输入对象。在 GF 中,我们只使用记录就可以做到这一点! 像话语"this place",再加上用鼠标点击在一个坐标里,指示表达式就有一个作为其具体句法的记录:

$$\text{this place}(\text{coord } 123\ 45) \quad \Leftrightarrow \quad \begin{Bmatrix} s = \text{"this place"} ; \\ p = \text{"(123,45)"} \end{Bmatrix}$$

s 域源于语音识别,而 p 域源于点击感应器,它将坐标对应至具体地点。图 57 里的语法给出了集成多模态的一个最小的配置。需注意,指示词的表示类似于非连续成分,而对后者我们非常熟悉如何进行句法分析,正如 3.10 节所示。

```
abstract Map = {
cat
  Query ; Input ; Place ; Click ;
fun
  GoFromTo   : Place -> Place -> Input ;
  ThisPlace  : Click -> Place ;
  QueryInput : Input -> Query ;
  ClickCoord : Int -> Int -> Click ;
}

concrete MapEng of Map = {
lincat
  Query         = {s : Str} ;
  Input, Place  = {s : Str ; p : Str} ;
  Click         = {p : Str} ;
lin
  GoFromTo x y = {
    s = "I want to go from" ++ x.s ++ "to" ++ y.s ;
    p = x.p ++ y.p
    } ;
  ThisPlace c = {
    s = "this place" ;
    p = c.p
    } ;
  QueryInput i = {s = i.s ++ ";" ++ i.p} ;
  ClickCoord x y = {p = "(" ++ x.s ++ "," ++ y.s ++ ")"} ;
}
```

图 57　含鼠标点击的多模态语法

　　该系统运作方式如下：输入从语音识别器和鼠标感应器异步进入，且两者互不识别。输入被搜集到两个独立的记录域，s 代表语音，而 p 代表鼠标点击。当输入终止时，这两个字符串通过它们之间的分隔符";"实现级联。由图 57 中的语法生成的 GF 句法分析器可对所产生的字符串进行常见的句法分析。鼠标点击的顺序对句法分析器是可知的，而这就足以构建抽象句法树。

第 8 章　形式语言与自然语言接口

一般而言,对于语法编写者来说,形式语言要比自然语言更容易一些。在设计上它们常常是上下文无关的。然而,了解在 GF 中如何处理它们的一些特殊特征是很有用的,因为一些非常典型的 GF 应用是形式系统的自然语言界面。在这样的界面中,自然语言与形式语言之间的翻译由多语言语法定义。形式语言的语法也为非语言的应用开通了渠道,例如,在 GF 里实现的编译器和由语法生成的图像。

本章的主要内容如下:
- ·　算术表达式和优先级
- ·　作为线性化的代码生成
- ·　严格的和自由的抽象句法
- ·　从逻辑生成的自然语言
- ·　自然语言的逻辑语义学
- ·　分形图:用于分形的语法

8.1　算术表达式

算术表达式是许多语言的子集,不论是形式语言,还是非形式的数学文本。这些表达式是由整数和加减乘除等二元运算构成的。它们的抽象句法很容易编写,如图 58 所示。我们称之为 Calculator(计算器),因为它可用作计算器的基础。

算术表达式应该没有歧义。如果我们对下列表达式做句法分析:

2 + 3 * 4

我们应该得到下面的两个结果之一,而不是得到两个结果:

EPlus (EInt 2) (ETimes (EInt 3) (EInt 4))

ETimes (EPlus (EInt 2) (EInt 3)) (EInt 4)

按照惯例,我们会选择前者,因为乘法比加法运算有更高的优先级。如果我们要表达后面的树,我们需要用括号:

(2 + 3) * 4

这里总结一下在数学和编程语言中的优先级规则:
- ·　整数常数及括号里的表达式具有最高的优先级。

```
oper
  param Prec = Ints 2 ;
  TermPrec : Type = {s : Str ; p : Prec} ;
lincat

abstract Calculator = {
flags startcat = Exp ;
cat Exp ;
fun
  EPlus, EMinus, ETimes, EDiv : Exp -> Exp -> Exp ;
  EInt : Int -> Exp ;
}
```

图 58　一个简单计算器的抽象句法

· 乘、除有相同的优先级,比最高的低,比处于同级的加、减要高。

· 所有四个二元运算都是左结合的,例如 1+2+3 的意思与(1+2)+3 一样。

在编译器的书中,处理优先级的方法之一是把表达式分为以下三种范畴:

· 表达式(expressions):加法和减法

· 项(terms):乘法和除法

· 因子(factors):括号里的常数和表达式

一个顾及相关性的上下文无关文法如下:

Exp　::= Exp　"+" Term | Exp　"−" Term | Term ;

Term ::= Term "*" Fact | Term "/" Fact | Fact ;

Fact　::= Int | "(" Exp ")" ;

然而,编译器在三个范畴之间并不作语义区分。因此,它不想搞乱带构造函数的句法树,而这些构造函数只在优先级层转换表达式。在编译器工具,如 YACC 中,建立抽象句法树被作为语义动作执行。例如,如果句法分析器在括号中识别出一个表达式,那么,该动作就只返回抽象句法树,而不对括号进行编码。

在 GF 中,语义行为可以通过 def 定义进行编码。但是,考虑到优先级,有一个更为直接的方法:为优先级引入一个参数,将它作为表达式的固有特征对待:

oper

　param Prec ＝ Ints 2 ;

　TermPrec : Type ＝ {s : Str ; p : Prec} ;

Lincat

　Exp ＝ TermPrec ;

这个例子表明在 GF 中使用内置整数的另一个方法:类型 Ints 2 是一个参数类型,其值是整数 0、1、2。这些是我们需要的三个优先级。其主要想法是将表达式的固有优先级与其被使用的语境进行比较。如果优先级高于或等于所期待的,则不需要使用括号,不然,则需要。结果类似于在上面的语法中定义 Fact,将其作为带优先级 2 的 Exp、定义 Term 将其作为带优先级 1 的 Exp,以及定义 Exp,将其作为带优先级 0 的 Exp。注意:在具体句法里处理优先级,而不是在范畴层次上,类似于 3.1 节的词法区分参数化。

将函数作为优先级使用参数的一般规则被如下的运算实现:

oper usePrec : TermPrec – > Prec – > Str = \x,p – >

  case lessPrec x. p p of {

    True = > "(" + + x. s + + ")" ;

    False = > x. s

  } ;

这里,LessPrec 定义了整数的顺序。通过这个低级运算,我们可以定义其他运算,例如,构造左结合中缀表达式的运算:

infixl : Prec – > Str – > (_,_ : TermPrec) – > TermPrec =

\p,f,x,y – > {

  s = usePrec x p + + f + + usePrec y (nextPrec p) ;

  p = p

  } ;

这里,Nextprec 给出了下一个高优先级。像常数的表达式(最高优先级)可以如下构建:

constant : Str – > TermPrec = \s – > {s = s ; p = maxPrec}

这里,对本例来说,maxPrec = 2。所有这些运算都可在库模块 Formal 中找到(见附录 D.4.2 节),所以,我们不必在我们自己的代码中定义它们。因此,我们可以表达 Calculator 的完整具体句法,如图 59 所示。事实上,线性化规则看上去非常像 Haskell 编程语言的中缀指令。

让我们再来看一下 usePrec 运算,它决定是否在一个项周围加上括号。在一个字符串周围不需要括号的情况被作为字符串本身加以定义。然而,这表明多余的括号从来都是不正确的。通过使用如下运算,可以得到一个更加自由的语法:

parenthOpt : Str – > Str = \s – > s | "(" + + s + + ")"

实际上,这是用于 Formal 库的运算。但即使这样,我们也只能允许一对(或若干有限数对)多余的括号。因此,基于参数的语法还没有实现目标:实现像表达式 – 项 – 因子语法一样的语言。但它的优势是,可从抽象句法中消除优先级区分。

练习 8-1 定义类似于 infixl 的非结合和右结合的中缀运算。

```
concrete CalculatorC of Calculator =
  open Formal, Prelude in {
lincat
  Exp = TermPrec ;
lin
  EPlus  = infixl 0 "+" ;
  EMinus = infixl 0 "-" ;
  ETimes = infixl 1 "*" ;
  EDiv   = infixl 1 "/" ;
  EInt i = constant i.s ;
}
```

图 59　带优先级的算术表达式

练习 8-2　添加一个构造函数，使其可以在表达式周围加上括号以提高它们的优先级，但可被 def 定义消除（见 6.11 节）。用带有或不带管道的 pt－compute 命令对句法分析进行测试。

练习 8-3*　实现一个计算器，可以作为嵌入语法应用，返回数值结果。你甚至可以将此扩展为一个可使用数字词语的自然语言计算器。这目前已在 GF 中实现了，可用于 88 种不同语言（见 GF 网站上 examples/numerals 网页）。

8.2　作为线性化的代码生成

编程语言语法的标准应用是在编译器中，它可把一种语言翻译为另一种语言。典型情况是，一个编译器的源语言是高级语言，而目标语言是一种机器语言。编译器的中转站是抽象句法：编译器前端将源语言字符串解析成抽象句法树，而后端将这些树线性化为目标语言字符串。这一处理模型当然就是被 GF 使用来进行自然语言的翻译的模型。主要的区别是，在 GF 中，编译器也可以逆向运行，即作为反编译器的功能。（然而，在全尺寸编译器中，在目标代码生成之前，抽象句法由语义分析和优化进行了数层转换，这可能破坏可逆性，由此也破坏反编译。）

为了更好说明严格的编译器，让我们编写一个 Calculator 的具体句法，能够生成类似 JVM（Java 虚拟机）的机器代码。JVM 是一个所谓堆栈机器，其代码遵从如下所示的后缀表示，也称为逆波兰式表示。因此，表达式

2 + 3 * 4

被翻译为

ldc 2；ldc 3；ldc 4；imul；iadd

线性化规则是直接的，如图 60 所示。使用指令 ldc 是次优的，它确实适用

Java 类型 int 的所有整数,但真正的 Java 编译器为小整数使用特殊指令。

```
concrete CalculatorJ of Calculator = open Prelude in {
lincat
  Exp = SS ;
lin
  EPlus  = postfix "iadd" ;
  EMinus = postfix "isub" ;
  ETimes = postfix "imul" ;
  EDiv   = postfix "idiv" ;
  EInt i = ss ("ldc" ++ i.s) ;
oper
  postfix : Str -> SS -> SS -> SS = \op,x,y ->
    ss (x.s ++ ";" ++ y.s ++ ";" ++ op) ;
}
```

图 60　JVM 风格算术表达式

8.3　带变量的程序

一个算术表达式的有用扩展是直接代码编程语言。这种语言的程序包括形式为 x = exp 的赋值,它为变量赋值。表达式可包含已在之前的赋值中被赋值的变量,因此,赋值

x = x + 1

是合法的,当且仅当对 x 有一个较早的赋值。

在这种语言中,我们使用两个新的范畴:程序和变量。一个程序是一系列的赋值,在这其中变量被赋值。从逻辑上讲,我们想将初始化与其他赋值加以区分:给变量首次赋值的赋值语句称为初始化。具体句法遵从 C,而且在初始化赋值上加上变量的类型前缀。以下是用该语言编写的一段代码的例子:

int x = 2 + 3 ;

int y = x + 1 ;

x = x + 9 * y;

我们通过如下的构造函数定义程序:

fun

　　PEmpty : Prog ;

　　PInit : Exp – > (Var – > Prog) – > Prog ;

　　PAss   : Var – > Exp – > Prog – > Prog ;

最有趣的构造函数是 PInit,它使用高阶抽象句法(参看 6.9 节),使初始化变量可以在程序的延续性上生效。上面的代码抽象句法树为:

PInit（EPlus（EInt 2）（EInt 3））（\x - >

　　PInit（EPlus（EVar x）（EInt 1））（\y - >

　　　PAss x（EPlus（EVar x）（ETimes（EInt 9）（EVar y）））

　　　　PEmpty））

既然我们想要防止程序中未初始化变量的使用，则我们对 Var 不提供任何构造函数。我们仅有使用变量作为表达式的规则：

fun EVar : Var - > Exp ;

因此，所有变量都由高阶抽象句法 PInit 中的约束产生，这将保证不存在未绑定或未初始化的变量。

其余的语法正如 8.1 节中的算术表达式一样。最佳的实施方式也许是，通过编写一个模块来扩展表达式模块。这种扩展最自然的初始范畴是 Prog。

练习 8-4* 　扩展直接代码语言到 float 类型表达式。为保证类型安全，可以定义一个类型 Typ 的范畴，使 Exp 和 Var 依赖 Typ。基本浮点表达式可以从内置的 GF 类型 Float 的文字形成。算术运算应该是多态的，如 6.4 节所述。

8.4　赋值的具体句法

我们可以通过使用 6.9 节介绍的 GF 的 $ 变量，为直接代码语言，定义像 C 那样的具体句法。在像 JVM 的语法中，我们还需要两个指令：iload x，加载（压入栈顶）变量 x 的值，以及 istore x，存储变量 x 里的当前最顶层表达式的值。因此，前一节中的代码示例为

ldc 2　；ldc 3　；iadd　；istore x ；

iload x ；ldc 1　；iadd　；istore y ；

iload x ；ldc 9　；iload y　；imul　；iadd　；istore x ；

熟悉 JVM 的读者将会注意到，我们正在使用符号地址，即变量名，而不是内存里的整数偏移量，像在真实 JVM 中的那样。真实 JVM 和我们的语法在变量的初始化和再赋值之间都没有加以区分。

练习 8-5* 　通过扩展表达式模块为直接代码程序，完成 C 到 JVM 编译器的实现。有没有可能使用数字地址，而非符号地址？

练习 8-6* 　如果你做了添加浮点数到该语言的练习，你现在可以明了用于代码生成的类型检查的主要优势：选择类型正确的 JVM 指令。精确地讲，浮点指令与整数一样，但除了一点：前缀是 f，而非 i。ldc 指令的参数既可以是整数也可以是浮点数。

8.5 变量的自由句法

在许多应用程序中,GF 的任务只是线性化和句法分析;跟踪约束变量和其他语义约束是程序中其他部分的任务。例如,如果我们想编写一个可将 C 代码转换为英语文本的自然语言接口,我们完全可以使用一个 C 的上下文无关文法,并让 C 编译器来检查变量是否良类型。在这样的程序中,我们可能想把变量作为字符串处理,也就是拥有一个构造函数:

fun VString : String – > Var ;

正如 6.14 节中介绍的,内置的范畴 String 的值为字符串文字,就是双引号内的字符串。词法分析程序和反词法分析程序可以这样被定义:它们恢复和移除引号。当词法分析程序找到一个记号,它既不是一个语法里的终结符,也不是一个整数文字,它就应该将其作为字符串文字发送到句法分析器。

练习 8-7　不用高阶抽象句法,为直接代码编写一个语法。

练习 8-8*　扩展自由的直接代码语法,使其包含 while 循环和一些其他命令式程序构件。

8.6 GF 对于定义形式语言是有用的吗

因为形式语言比自然语言句法简单,所以,它们的语法可以在 GF 中加以定义就不足为奇了。处理优先级和间距是需要一些思路的,但很多都在 GF 库里以及内置的词法分析程序和反词法分析程序中被编码了。但是,如果一个语法的唯一目的是实现一种程序语言,那么,BNF 范式转换器工具(BNFC)要比 GF 更合适。BNFC 是 GF 的副产品,它使用标注的 BNF 表示,通过标准的像 YACC 的句法分析器工具生成句法分析器(见 Forsberg,2007)。

GF 语法在形式语言上的最常见的应用是各种自然语言接口。这些系统通常不需要 GF 抽象句法的语义控制。但是,如果接口也包含交互式句法编辑器,情况就不同了,正如在 GF 核心系统中那样(Beckert & al. , 2006;Burke & Johannisson,2005)。在那样的系统中,编辑器被用来引导程序员只编写类型正确的代码。

练习 8-9**　由克尼汉(Kernighan)和里奇(Ritchie) 共同编写的《C 语言程序设计》(第 123 页,1988 年第 2 版) 描述了一个类似英语的句法,用于声明指针和数组,以及一个 C 语言程序,用于在英语和 C 之间的翻译。下面的一对例子展示了所有需要的表达式形式:

char (* (* x[3])( ))[5]

x: array[3] of pointer to function returning

pointer to array[5] of char

用 GF 语法实现这些翻译。

练习 8-10[*+]　将自然语言翻译器扩展为其他的编程语言构件。考虑你是否能为这个片段建立一个合理的文本生成器。这样一个文本生成器的一个潜在的有用应用是,通过使用语音合成软件将代码转换成语音。与语音识别相结合时,它也可通过语音实现编程。

练习 8-11[*+]　设计一个自然语言到 Unix 命令行的接口。它应该能够表达口头指令,比如 cat、cd、grep、ls、mv、rm、wc,以及由它们构建的管道。例如,

ls ~ | wc −l

可能会表达为"list the files in my home directory and count the lines"(列出我的主目录中的所有文件并计算行数),或者更加有歧义,为"how many files are there in my home directory"(在我的主目录中有多少文件)。

8.7　由逻辑生成自然语言

逻辑与自然语言之间的翻译在应用 GF 的项目中一直都是一项典型任务。通常它与用于逻辑推理的工具相结合。自然语言用于将逻辑表达式转为外行用户可读的形式,也用于帮助构建逻辑表达,经常与句法编辑器相连(见 7.12 节)。GF-Alfa 校对编辑器(Hallgren 及 Ranta,2000)、GF-KeY 软件格式编辑器(Johannisson,2005),以及 Web ALT 数学练习翻译器(Caprotti 及 Seppälä,2006)都是这一类的例子。

有很多用于逻辑的系统和符号,但是它们的很多不同之处在抽象句法中都消失了。这种语法的核心包括命题(公式)的类型和个体(项)的类型,以及复杂逻辑命题构造函数:关联词和量词。一些关键决定必须在这一层次做出。首先,我们是否想在抽象句法中捕捉语义良构? 如果答案是肯定的,那么,我们应该为量词里的约束使用高阶抽象句法,例如,

fun All : (Ind – > Prop) – > Prop

正如 6.9 节里那样。甚至可以构建一个句法,使其执行特定领域的量化和谓词的类型限制,像在完整的构造类型理论中那样:

fun All : (A : Set) – > (Ind A – > Prop) – > Prop

该句法的优势在于我们可以从 GF 的类型检测器和句法编辑器中获得更多功能;比如,约翰尼松(Johannisson,2005)就以这种方式建立了一个编辑器,指导用户仅建立良类型的形式规格说明。8.8 节的图 64 展示了以这种方式建立的

一个抽象句法。这种句法包含全套的一阶逻辑关联词和量词。由于设计它是为第 9 章和附录 A 的微型资源语法提供语义,因此,它包含了一个时态的运算符 Past。

语义完全类型化的一个缺点是,约束和依存类型使语法难以扩展。例如,自然语言式的全称量词应该允许几个变量同时被约束,就像在"for all x, y and z",… 中一样,但用高阶抽象句法实现,则需要繁琐的辅助构件来处理约束列表(见本节末尾练习)。另一个缺点是语法可能难以与其他工具整合。例如,数据类型(见 7.8 节)输出到 Haskell 时不再工作,因为 GF 的高阶和依存类型不能被解释。

幸运的是,在 GF 上的语义检查经常没有必要,因为带语法整合的逻辑工具有其自身的检查机制。在 8.5 节的意义下,抽象句法可以被自由化,而且自然语言式的构件非常容易扩展。这样的抽象句法在图 61 中展现。它将逻辑公式分为顶层语句(Stm)、命题(Prop)和原子公式(Atom)。单一的项被分为个体(Ind)和变量(Var)。范畴 Dom 用于限制量词的领域。此外,语法使用两个列表类属:[Prop]允许列表连接,[Var]允许几个变量的同时约束。列表类属的表示是 GF 简记法,这将在附录 C.4.3 节中加以解释。

```
abstract Logic = {
flags startcat = Stm ;
cat
  Stm ;         -- top-level statement
  Prop ;        -- proposition
  Atom ;        -- atomic formula
  Ind ;         -- individual term
  Dom ;         -- domain expression
  Var ;         -- variable
  [Prop] {2} ; -- list of propositions, 2 or more
  [Var]  {1} ; -- list of variables, 1 or more
fun
  SProp     : Prop -> Stm ;
  And, Or   : [Prop] -> Prop ;
  If        : Prop -> Prop -> Prop ;
  Not       : Prop -> Prop ;
  PAtom     : Atom -> Prop ;
  All, Exist : [Var] -> Dom -> Prop -> Prop ;
  IVar      : Var -> Ind ;
  VString   : String -> Var ;
}
```

图 61　一个基本的逻辑系统的自由抽象句法

Logic 模块可与词法模块一同扩展,例如图 62 中几何结构词典(模块 Geometry)。一个典型的词典定义领域(line、point)、谓词(x intersects y、x is parallel to y)、个体项和函数(the centre of x)。

```
abstract Geometry = Logic ** {
fun
  Line, Point, Circle : Dom ;
  Intersect, Parallel : Ind -> Ind -> Prop ;
  Vertical : Ind -> Prop ;
  Centre : Ind -> Ind ;
}

concrete GeometryEng of Geometry = LogicEng **
  open SyntaxEng, ParadigmsEng in {
lin
  Line = mkN "line" ;
  Point = mkN "point" ;
  Circle = mkN "circle" ;
  Intersect = pred (mkV2 "intersect") ;
  Parallel = pred (mkA2 (mkA "parallel")(mkPrep "to")) ;
  Vertical = pred (mkA "vertical") ;
  Centre = app (mkN2 (mkN "centre") (mkPrep "of")) ;
}
```

图 62　拥有英语具体句法的几何结构词典

在具体句法中,原子公式被自然地当作从句对待,领域作为普通名词,个体作为名词短语,谓词作为使用动词或形容词性谓项的函数。资源语法模块 Combinators(见附录 D.4.4 节)包含一系列为这一目的而设计的谓项和应用函数。不像"普通"的资源函数,它们把谓语作为第一参数,这样就能用部分应用来简化定义。图 62 给出了这样的例子。

编写一个 Logic 的基线具体句法很容易,正如图 63 所示。仅通过把常数 case_CN 移入一个接口,这个语法就可被泛化为一个资源语法库的函数。代码中的注释表明每一条逻辑形式是如何表达的。用于否定和量化的资源语法表达式略微复杂,但不至于难以理解。

然而,图 63 中的具体句法并没有生成很好的语言。首先,连接词 And 和 Or 由简单的中缀连接词"and"和"or"实现,这就产生了从以形式 A and B or C 开始的歧义句。第二,否定非常笨拙,因为它不能使用动词的否定(x is not parallel to y),而只是前缀"it is not the case that..."。第三,量词总是带有明显的变量(for all points x...),在位量词不能被使用(every line is parallel to some line)。所有这些问题都是自然语言生成(NLG)领域里常遇到的问题。NLG 通常与语

```
concrete LogicEng of Logic = open
  SyntaxEng, (P=ParadigmsEng), SymbolicEng, Prelude in {
lincat
  Stm   = Text ;
  Prop  = S ;
  Atom  = Cl ;
  Ind   = NP ;
  Dom   = CN ;
  Var   = NP ;
  [Prop] = [S] ;
  [Var]  = NP ;
lin
  SProp = mkText ;
  And = mkS and_Conj ;        -- A, B ... and C
  Or = mkS or_Conj ;          -- A, B ... or C
  If A B =                    -- if A B
    mkS (mkAdv if_Subj A) B ;
  Not A =                     -- it is not the case that A
    mkS negativePol (mkCl
      (mkVP (mkNP the_Quant
        (mkCN case_CN A)))) ;
  All xs A B =                -- for all A's xs, B
    mkS (mkAdv for_Prep
      (mkNP all_Predet (mkNP a_Quant
          plNum (mkCN A xs)))) B ;
  Exist xs A B =              -- for some A's xs, B
    mkS (mkAdv for_Prep
        (mkNP somePl_Det (mkCN A xs))) B ;
  PAtom = mkS ;
  IVar x = x ;
  VString s = symb s ;
  BaseProp A B = mkListS A B ;
  ConsProp A As = mkListS A As ;
  BaseVar x = x ;
  ConsVar x xs = mkNP and_Conj (mkListNP x xs) ;
oper
  case_CN : CN = mkCN (P.mkN "case") ;
}
```

图 63　逻辑的基线具体句法

法分开考虑:对于给定的一系列语法正确的表达式,其任务是找到风格、流畅度、清晰度等最好的表达式。

　　许多 NLG 技术,比如聚合(参看 6.13 节),都是非组合性的,因此不能定义为线性化的一部分。它们可用嵌入式语法,或者用 GF 中的 def 定义所定义的转换函数,来恰当实现。然而,在线性化中使用适当的参数有时足以顺利地解决 NLG 的问题。下面让我们看看这一技术是如何应用于否定问题的。

我们想要实现的否定规则如下(改编自 Burke & Johannisson,2005):

· 否定一个原子命题,否定其动词
· 否定一个复杂命题,使用前缀"it is not the case"

为实施这一规则,我们不得不跟踪记录,确定一个命题(Prop)是原子命题,还是复杂命题。这就提示了线性化的类型:

lincat Prop = {s : S ; isAtom : Bool}

在 Logic 语法中,原子命题正好是由构造函数 PAtom 形成的。因此,我们写成

lin PAtom p = {s = mkS p ; isAtom = True}

所有其他 Prop 构造函数返回 isAtom = False.

要否定一个原子命题,我们想要否定句中的动词。然而,库中的 S 范畴已经有了一个固定的极性。只有从句(Cl)有作为变量特征的极性。因此,否定必须在 PAtom 被应用之前形成,并且在线性化记录中被记住:

lincat Prop = {pos, neg : S ; isAtom : Bool}
lin PAtom p = {
  pos = mkS p ;
  neg = mkS negativePol p ;
  isAtom = True
}

由于所有其他的 Prop 构造函数会生成复杂的命题,它们就可通过用下列运算将图 63 中笨拙的线性化打包来实现:

oper complexProp : S – > {pos,neg : S ; isAtom : Bool} =
\s – > {
  pos = s ;
  neg = mkS negativePol (mkCl (mkVP
      (mkNP the_Quant (mkCN case_CN s)))) ;
  isAtom = False
}

连词的歧义问题可以是"both – and"和"either – or"。例如,"(A and B) or C"是"either A and B or C",而"A and(B or C)"是"A and either B or C"。这些构造在资源库里是可获得的,但是一旦重复使用必然会给出拙劣的结果。Burke & Johannisson(2005)给出了另外一种解决方案,他们用的方法是项目符号列表。例如,"A and(B or C)"可以表示为:

下面两种都可以(both of the following hold):

· A

· B or C

从变量约束得到的原地量化结果是一个有趣的问题,这个问题如果不通过外部转换,可能无法解决。在下一节里,我们将从相反的视角考察:定义在资源语法中可获得的原地量词如何在逻辑中被解释。

练习 8-12　在图 61 的 Logic 上构建一个你自己的领域词库。

练习 8-13 *　为图 61 中的 Logic 及图 62 中的 Geometry 编写一个符号化的具体句法,以你最喜欢的谓词逻辑表示方式生成公式。

练习 8-14 *　为一个全称量词定义抽象句法和具体句法,该量词可约束一个或多个变量的列表,每一个变量都属同一类型。这个语法应该允许如下的公式:

(All x,y,z : Nat)(x < y & y < z -> x < z)

并且通过高阶抽象句法,保证公式是良类型。

练习 8-15　完成用于否定的 LogicEng 模块的改进,可以使用 isAtom 参数。

练习 8-16 *　在 LogicEng 里的否定表达式可以更为简化,如果我们假设双重否定律 (~ ~A ⇔ A) 以及 De Morgan 定律 (~ (A ∨ B) ⇔ ~ A& ~ B, ~ (A&B) ⇔ ~ A ∨ ~B) 将这个想法应用到 LogicEng 模块里。

8.8　自然语言的逻辑语义学

在前面的章节里,我们已经了解了多语言语法是如何用来在逻辑和自然语言之间作为翻译的基准。我们还发现了以这种方式生成出来的语言会是笨拙和不自然的。问题之一是量化:当形式逻辑使用变量约束("for all numbers x, x is even or odd"),自然语言更喜欢在位量词短语("every number is even or odd")。

自然语言里的量化问题常常从相反的方向加以处理,即与从逻辑开始生成语言相反,而是从自然语言结构开始。那么,如何在逻辑中生成相应的公式呢?这种办法可能比自然语言生成问题更加古老且更广泛地被研究。它起源于蒙塔古(Montague)(见 Montague, 1974),因此,常称为蒙塔古语义学。更加描述性的术语为逻辑语义学。从计算机科学的角度看,逻辑语义学是指称语义学的实例,因为它是基于这样的一个思想:一个表达式的意义是其指称,即在数学世界里的对象。

现在,我们将展示如何在 GF 里实现逻辑语义学。我们将使用原始的蒙塔古语义学里的部分语法,以及 GF 资源语法库里的部分语法。这个语法是微型资源语法,我们将在第 9 章中详细讨论。该语法在意大利语中已经实现,所有细节都在附录 A 中给出。但是,因为 GF 资源语法库包含了 16 种语言(截止 2010 年夏)中相同的部分,这种语义学可以很容易地被传递到所有这些语言中。关于逻辑语义学更为详尽的介绍,包括指代,可以在 Ranta (2004b)里找到。

一个包含所有资源语法的逻辑语义学系统是由 Bringert(2008)创建的,他后来又将其与定理证明系统 (Equinox;Claessen,2005),也与一个大的英语词库相关联(牛津高阶英语词典)相关联。Bringert 的系统是通过 Haskell 中的嵌入语法实现的,并且经过了 FRACAS Test Suite(Kamp & al.,1994)的检验。在像 Bringert 这样的大规模的系统里使用一个强大的主语言当然是正确的选择。这里,我们将展示一个 GF 的实现,因为它很简单,而且对本书的读者而言也非常熟悉。

我们的语义将模块 Grammar(附录 A.1 节)里的自然语言的抽象句法映射到了模块 Logic(见图 64)里的逻辑的抽象句法。语义本身在模块 Semantics(见图 65)中被定义。

```
abstract Logic = {
cat
  Prop ; Ind ;
data
  And, Or, If : Prop -> Prop -> Prop ;
  Not         : Prop -> Prop ;
  All, Exist  : (Ind -> Prop) -> Prop ;
  Past        : Prop -> Prop ;
}
```

图 64　带时态的谓词逻辑的高阶抽象句法

Semantics 模块从解释函数 iC 的声明开始,包括对 Grammar 里每个范畴 C 的声明。这些函数里的每一个函数把类型 C 的树作为其参数,并返回其指称。指称通常是一个函数类型,但 S 和 Cl 除外,因为这两者使用 Prop。一位动词(V)、形容词(A)和普通名词(N)被作为一元命题函数(Ind － > Prop)解释。进一步从词汇范畴扩展到对应的短语(VP、AP、CN)。两位动词(V2)是二元命题函数。连词(Conj)是命题的二元函数。时态和极性 (Tense、Pol)是命题的一元函数。

其他范畴被作为高阶函数解读。对于副词形容词(AdA),很明显,它们转换 AP 到 AP,因此,被作为从 AP 外延到 AP 外延的函数加以解释。名词短语(NP)与在 Logic 里的量词具有同样的类型。这是解释像“every man”这样的名词短语时需要的。如果名词短语恰巧指称一个个体并且与逻辑中的单项对应,语义就将参数命题函数 f 应用到那个个体上:假设 john_NP 指代 john,我们就有

def iNP john_NP f = f john

```
abstract Semantics = Grammar, Logic ** {
fun
  iS   : S   -> Prop ;
  iCl  : Cl  -> Prop ;
  iNP  : NP  -> (Ind -> Prop) -> Prop ;
  iVP  : VP  -> Ind -> Prop ;
  iAP  : AP  -> Ind -> Prop ;
  iCN  : CN  -> Ind -> Prop ;
  iDet : Det -> (Ind -> Prop) -> (Ind -> Prop) -> Prop ;
  iN   : N   -> Ind -> Prop ;
  iA   : A   -> Ind -> Prop ;
  iV   : V   -> Ind -> Prop ;
  iV2  : V2  -> Ind -> Ind -> Prop ;
  iAdA : AdA -> (Ind -> Prop) -> Ind -> Prop ;
  iPol : Pol -> Prop -> Prop ;
  iConj : Conj -> Prop -> Prop -> Prop ;
  iTense : Tense -> Prop -> Prop ;
def
  iS   (UseCl t p cl) = iTense t (iPol p (iCl cl)) ;
  iCl  (PredVP np vp) = iNP np (iVP vp) ;
  iVP  (ComplV2 v2 np) i = iNP np (iV2 v2 i) ;
  iNP  (DetCN det cn) f = iDet det (iCN cn) f ;
  iCN  (ModCN ap cn) i = And (iAP ap i) (iCN cn i) ;
  iVP  (CompAP ap) i = iAP ap i ;
  iAP  (AdAP ada ap) i = iAdA ada (iAP ap) i ;
  iS   (ConjS co x y) = iConj co (iS x) (iS y) ;
  iNP  (ConjNP co x y) f = iConj co (iNP x f)(iNP y f) ;
  iVP  (UseV v) i = iV v i ;
  iAP  (UseA a) i = iA a i ;
  iCN  (UseN n) i = iN n i ;
  iDet a_Det d f = Exist (\x -> And (d x) (f x)) ;
  iDet every_Det d f = All (\x -> If (d x) (f x)) ;
  iPol Pos t = t ;
  iPol Neg t = Not t ;
  iTense Pres t = t ;
  iTense Perf t = Past t ;
  iConj and_Conj a b = And a b ;
  iConj or_Conj  a b = Or a b ;
}
```

图 65 逻辑语法的指称语义学

限定词自然就被解释成从 CN 指称到 NP 外延的函数。它们的语法总会涉及一个领域,而这在 Logic 中以常用的方式被编码,即在存在情况下,用 And 限制量化,在全称情况下,用 If 限制。

解释函数的 def 定义通过对第一个参数的模式匹配进行。按照 6.13 节内容的意义上讲,它们实际上是组合性的因为它们从不在其直接参数里做情况分析。因为它们不是为所有构造函数而定义的,所以它们只是部分函数。尤其需要指出的是,我们还没有解释大部分的词汇。因此,对于 Grammar 树的一个解释可能会计算成一个持续调用解释函数的 Logic 树。

为了测试这个语法,我们需要词典测试,即在附录 A.5 节里 Grammar 上面定义的模块 Test。为了测试语义,我们需要一个语法,其作用域既有 Semantics,又有 Test。因为我们不需要将解释函数线性化,也不需要给予词汇语义,我们仅仅需要两个哑模块,除了已经展示的以外:

abstract TestSemantics = Test, Semantics ;

concrete TestSemanticsIta of TestSemantics = TestIta ;

如果我们现在将 TestSemanticsIta 输入到 GF 里,我们就能对意大利语的句子进行句法分析,并且能用逻辑来解释它们:

> i TestSemanticsIta. gf
> p – tr " ogni donna cammina" | pt – transfer = iS
UseCl Pres Pos (PredVP
  (DetCN every_Det (UseN woman_N)) (UseV walk_V))
All (\x – > If (iN woman_N x) (iV walk_V x))

因为逻辑语义学适用于所有 GF 资源语法的构件,所以也适用于由资源语法实现的所有应用语法。实际上,这种语义学能够机械化地生成:如果一个应用定义了

$$\lin f = t$$

使用资源语法 API,我们就能从此得出

$$\def f = t'$$

这里的 t' 是通过执行重载解析和使用资源的 oper 定义作为 def 定义,从 t 获得的项。然而,这样的语义学在应用上并不总是很有趣。例如,在旅游预定对话系统中,我们不想把"I would like to go from Gothenburg to Munich"计算成一个复杂的公式,涉及"I"和"would"等的外延,而只是"Ticket Got Muc"这样风格的抽象句法树,就如同 2.11 节里图 16 那样。

练习 8-17 通过给所有构成成分赋予外延(至少给一些虚拟的构成成分),扩展 Test 的语义,使得你可以不用解释函数应用就可计算外延。

练习 8-18 给出图 64 中定义的 Logic 的具体句法,使得你可以用相当好的逻辑公式展示外延。

8.9 分形语法

分形语法是计算机图形学中用于生成递归分支模式,即"分形"的语法。分形图不是上下文无关的,但是可以很容易地在 GF 里被定义。图 66 展示了从相同的抽象句法树产生的两个图例:一个龙形不规则图和一个 Sierpinski(塞平斯基)三角形。图中也用 PostScript 代码展示了生成 Sierpinski 三角形的完整代码和具体句法。抽象句法树是:

c (s (s (s (s (s (s (s (s (s (s (s z)))))))))))

练习 8-19　是什么使得 Sierpinski 语法是上下文无关的?

练习 8-20^{*+}　更深入地了解分形图并且在 GF 里编写你自己的分形图。维基百科文章:http://en. wikipedia. org/wiki/ Graftal 是一个良好的开端。

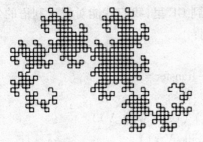
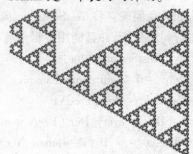

```
-- (c) Krasimir Angelov 2009
abstract Graftal = {
  cat N; S;
  fun z : N ;
      s : N -> N ;
      c : N -> S ;
  }
concrete Sierpinski of Graftal = {
  lincat N = {a : Str; b : Str} ;
  lincat S = {s : Str} ;

  lin z = {a = A; b = B} ;
  lin s x = {
    a = x.b ++ R ++ x.a ++ R ++ x.b ;
    b = x.a ++ L ++ x.b ++ L ++ x.a
    } ;
  lin c x = {s = "newpath 300 550 moveto" ++ x.a ++ "stroke showpage"} ;

  oper A : Str = "0 2 rlineto" ;
  oper B : Str = "0 2 rlineto" ;
  oper L : Str = "+60 rotate" ;
  oper R : Str = "-60 rotate" ;
}
```

图 66　龙形和 Sierpinski 分形图及 Sierpinski 的语法

第 9 章　开始资源语法编程

本章中,我们将从编写者的角度审视资源语法库。这样做的主要目的是,为那些想编写自己的资源语法的人提供合适的引导。但即使不打算这样做的读者也可以阅读本章内容,从而对于构成 GF 资源语法库的语言学概念有所了解。从更广泛的层面上讲,本章包含了众多实例,展示了许多语言学问题在 GF 中是如何通过使用参数和数据结构加以解决的。主要内容有:

· 主要范畴和函数:微型资源语法
· 主要范畴和函数的特征设计原则
· 一个意大利语的实现,详见附录 A

9.1　概览

在第 5 章中,我们从用户的角度对 GF 资源语法库进行了讨论。通过展示范畴和函数的全部集合,附录 D 呈现了这一完整画面。但是,我们并未过多涉及如何建库。在第 3 章和第 4 章里,我们已经介绍了完成这一任务所需的所有 GF 机制。本章中,我们将就一些细节进行更深入地讨论。

首先,我们将要认识微型资源语法,它是可以微型地展示关键语法结构少量的一些范畴和函数。我们将讨论微型资源语法的实现问题,包括从一般的、语言中立的方式到给出一种语言,即意大利语的详细实现过程。作为练习的继续,我们鼓励读者自己选择某种其他语言并实现相应的细节。微型资源有着与完整资源类似的模块结构,事实上,它足以作为真实资源以同样的方式实现第 5 章中的 Food 语法。

当微型资源讨论完毕,我们将在下一章介绍完整的资源语法,展示它的模块结构是如何从微型资源生长出来的,并讨论剩余需要解决的问题。我们也将给出在建设现有库背后的辛苦工作的数据,以及手把手地指导以说明把一种新的语言添加到库中所需要采取的步骤。此外,应用语法可为新语言直接编写语法,而不会干扰资源语法库。从长远来讲,实现语法库是最好的途径,不仅因为它将为无数应用提供服务,而且还因为现有库的规范能帮助识别语言学问题并避免一些陷阱。

9.2　微型资源语法

截至 2010 年夏,完整的资源语法库共有大约 80 个范畴和 200 个抽象句法函数。微型资源语法(其完整的抽象句法已在附录 A.1 节中展示)有 14 个范畴和 23 个函数。我们只将讨论集中在其中的 7 个范畴和 4 个函数上,但其余的也将包括在内,为的是使语法能生成一些有用且可被测试的内容。当真正关键的范畴和函数实现已经完成时,其他范畴和函数的实现都是很直接的。

在这一点上,关键的短语范畴和函数应该已经熟悉了的,但让我们归纳一下,如图 67 所示。我们之前没有展示的是函数的内部名字:作为资源的用户,我们之前接触的是重载的 API 运算。

cat	name	example
Cl	clause	*she loves us*
VP	verb phrase	*loves us*
V2	two-place verb	*loves*
NP	noun phrase	*this man*
CN	common noun	*small man*
AP	adjectival phrase	*young*
Det	determiner	*this*

fun	type	construction	example
PredVP	NP -> VP -> Cl	predication	*she loves us*
ComplV2	V2 -> NP -> VP	complementation	*loves us*
DetCN	Det -> CN -> NP	determination	*this man*
AdjCN	AP -> CN -> CN	modification	*small man*

图 67　关键短语范畴和函数

为使系统能工作,我们还需要一些其他范畴:

· 词汇范畴:名词(N)、形容词(A)、动词(V 和 V2)以及副词形容词(AdA;非核心的,但为保证 Foods 的实现,收录在此)

· 带固定时态和极性的句子范畴(S)

· 抽象特征范畴时态(Tense)和极性(Pol)。

同样,我们还需要一些其他函数:

· 函数 UseCl,用于规定时态和极性,

· 形容词谓项 CompAP,

· 副词形容词修饰 AdAP,

· 词汇插入函数 UseN、UseA 和 UseV,

· 抽象特征值,

- 随机选取的虚词,用于展示,
- 并列关系的构建,将在 9.15 节中讨论。

所有抽象句法 Grammar 将在附录 A.1 中展示。现在,我们将开始介绍一些关键范畴和函数的一般原则及观察数据。

9.3　特征设计

为了使具体句法能够工作,很关键的是要对每一个范畴的可变特征和固有特征仔细定义。很幸运的是,这些特征在语言之间是很统一的。图 68 展示了可变特征和固有特征附着在语法范畴上的典型方式。许多语言可能缺乏某些特征,例如,性。但是如果一种语言确实有性,它趋向于以图 68 所展示的方式被使用。

cat	variable	inherent
Cl	tense	-
VP	tense, agreement	-
V2	tense, agreement	case
NP	case	agreement
CN	number, case	gender
AP	gender, number, case	-
Det	gender, case	number

图 68　范畴附属的典型特征

所谓的一致特征是语法中的一个重要角色,其在谓项中是由主语的名词短语传递到动词短语的。一致特征通常包括性、数和人称。

9.4　谓项

要实现谓项规则:

fun PredVP : NP – > VP – > Cl

让我们直接从图 68 复制特征到 GF 代码。虽然我们还不能假定特征类型的任何特定值,但只是假定它们存在。因此,我们仅假设有一种特殊情况用于表示主语,这在许多语言中被称为主格。

param

　　Tense, Case, Agr

lincat

　　Cl　=｛s : Tense　　　　　　　= > Str｝

NP = {s : Case　　　　　　　 = > Str ; a : Agr}

VP = {s : Tense = > Agr = > Str }

oper

　nom : Case

谓项函数将从句的时态传递到 VP。VP 的变量一致特征从 NP 获得,NP 的格被确定为主格。因此,

lin PredVP np vp =

{s = \\t = > np. s ! nom + + vp. s ! t ! np. a}

注意,在这条规则中,正如在设计良好的语法中的大多数组合规则中一样,特征只是从一部分被传递到另一部分,因此,可以使用表格抽象表达式 \\p = > t,而不是情况分析(即不是带几个分枝的 table 表达式)。

图 69 中的两个表格展示了英语和意大利语中的谓项。横行表示可能影响谓语的主语的一致特征。在英语中,只有数和人称是相关的,而意大利语还有性的一致。

np.agr	present	perfect
Sg Per1	*I am tired*	*I have been tired*
Sg Per3	*she is tired*	*she has been tired*
Pl Per1	*we are tired*	*we have been tired*

np.agr	present	perfect
Masc Sg Per1	*io sono stanco*	*io sono stato stanco*
Fem Sg Per3	*lei è stanca*	*lei è stata stanca*
Fem Pl Per1	*noi siamo stanche*	*noi siamo stati stanchi*

图 69　英语和意大利语中 PredVP i_NP (ComplAP (UseAP tired_A))的变体

现在,所有语言都呈现出与如上所示的纲要式谓项规则的偏离。词序可能变了,如拉丁语中动词常常是最后的词("ego fessus sum"("I tired am"))。甚至在英语中,如果从句被用于提问("am I tired"),也有这种情况。在资源语法里,疑问句从 CL 树构建。

另一个偏离是主语脱落,即省略了一个非重读的主语代词。因此,正常情况下,如果主语未被强调,意大利语说"sono stanco",而不是"io sono stanco"。

"作格性"是一种现象,即当一个及物动词的主语,而不是宾语,有特殊的标记格时,宾语与非及物动词的主语有同样的格。那么,作为一个伴随现象,其他的动词短语可能与宾语,而不是主语,一致。这在印度语中的完成时态中同样发生。与宾语一致的现象甚至在意大利语中也存在:在过去复合时态中(我们现在称之为"完成时"),分词与宾语一致,如果它是所谓的直接附着语素的宾语:"lei ci ha amati"("she has loved us"),用从 ci("us")继承来的复数格形式

"amati"（"loved"）表示。

　　最后,主语的格不需要总是相同,而是根据动词变化。这是描述芬兰语的一种方式,英语句子"I am a child"由"minä olen lapsi"表示,主语"mina"用了主格形式。句子"I have a child"由"minulla on lapsi"表示,主语"minulla"是近处格。另一个分析方法是,把"lapsi"（"a child",在主格中）看作句子的主语,但这可能产生其他一些问题,例如,反身代词化。

9.5　互补性

　　继续在图 68 的引导下,我们得到两位动词的线性化类型,如下:

lincat V2 ＝ {s：Tense ＝ > Agr ＝ > Str；c：Case}

　　互补性把 VP 的变量时态和一致特征传递给动词。补语 NP 的格就从动词得到:

lin ComplV2 v np ＝

{s ＝ \\t,a ＝ > v.s！t！a ＋＋ np.s！v.c}

　　Case 参数是 V2 固有的,在像芬兰语等许多语言里有丰富的变体,如图 70 所示。从功能上讲,格与介词类似。如果介词不是 Case 类型的一部分（通常是 GF 可能的实现）,它就会被设置成 V2 线性化的另一个域:

lincat V2 ＝

{s：Tense ＝ > Agr ＝ > Str；c：Case；prep：Str}

lin ComplV2 v2 vp ＝

{s ＝ \\t,a ＝ > v2.s！t！a ＋＋ v2.prep ＋＋ np.s！v2.c}

　　在许多语言中,V2 和其他动词范畴在性上没有变体,而仅在数和人称上存在变化。但在一些语言中,如阿拉伯语中,动词确实在性上有变化,因此,需要一致特征的完整阵列。

v2.case	VP, infinitive
Acc	*love me*
at + Acc	*look at me*

v2.case	VP, infinitive	translation
Accusative	*tavata minut*	"meet me"
Partitive	*rakastaa minua*	"love me"
Elative	*pitää minusta*	"like me"
Genitive + *perään*	*katsoa minun perääni*	"look after me"

图 70　带不同格和介词的英语和芬兰语中的互补性

附着语素是互补性规则的常见变体。它们是补语,被置于它们的动词前,而不是其后。因此,在意大利语中,非重读的代词可能出现在动词前("Maria mi ama"、("Mary me loves")),然而,其他名词短语在后面("Maria ama Giovanni"("Mary loves John"))。

9.6　限定

限定由一个限定词和一个普通名词构建名词短语。特征的相互作用十分有趣。作为一致特征,NP 需要性和数。CN 具有固有的性,但有一个变量数。Det 具有一个变量性,但有一个固有的数。CN 和 Det 将自己的固有特征给予对方,生成的 NP 将两者都继承。格是贯穿构建过程的变量,人称是第三人称。

lincat

NP = { s :   Case = > Str ; a : Agr }

CN = { s : Number = > Case = > Str ; g : Gender}

Det = { s : Gender = > Case = > Str ; n : Number}

lin DetCN det cn = {

s = \\c = > det. s ! cn. g ! c + + cn. s ! det. n ! c ;

a = agr cn. g det. n Per3

}

oper agr : Gender － > Number － > Person － > Agr

图 71 展示了三种语言中的限定例子,它们具有实现了的不同特征集合。

Det.num	NP
Sg	*this house*
Pl	*these houses*

Det.num	CN.gen	NP	translation
Sg	Masc	*questo vino*	"this wine"
Sg	Fem	*questa casa*	"this house"
Pl	Masc	*questi vini*	"these wines"
Pl	Fem	*queste case*	"these houses"

Det.num	case	NP	translation
Sg	nominative	*tämä talo*	"this house"
Sg	genitive	*tämän talon*	"of this house"
Sg	inessive	*tässä talossa*	"in this house"
Pl	nominative	*nämä talot*	"these houses"
Pl	genitive	*näiden talojen*	"of these houses"
Pl	inessive	*näissä taloissa*	"in these houses"

图71　英语、意大利语和芬兰语中的限定

　　限定词的固有的数有这样的事实争议,即许多限定词有系统的数的变体,如在英语中表现为"this－these"。对于定冠词,仅有一种形式"the",但它既用在了单数,也用在了复数上。意大利语的定冠词单、复数有不同的形式,例如,用于阳性名词的"il－i"。正如附录 D 所展示的,这一系统的变体在完整的资源语法中是由范畴 Quant 捕获的,其中包含这些出现在两种数上的限定词。然而,在微型资源里,我们不会进入这一细节。

　　另一个限定词的常见现象是显性限定词词语。因此,芬兰语没有显性冠词,但是有"talo"("house"),可表示"the house"和"a house"。英语中,没有一个词可表示复数不定冠词("houses"),而在法语中却存在("des maisons"("houses"))。

　　"缺失的限定词"常由其他方式表示。因此,瑞典语使用词法特征表示定指:("huset"("the house")是"hus"("house")的屈折变化形式)。限定形式也与其他限定词变化使用,它可由使用定指作为限定词的一个固有的参数表示。因此,"varje"("every")采用了非限定形式("varje hus"("every house")),而"det här"("this")采用了限定形式("det här huset"("this house"))。

9.7　修饰

　　形容词修饰在谓词特征层次上是直接的:CN 的固有特征性被传递到了 AP,再由生成的结构继承。数和格始终是变量:

lincat

　　AP = { s : Gender = > Number = > Case = > Str }

　　CN = { s :　　　　　　　　Number = > Case = > Str ; g : Gender}

lin AdjCN ap cn = {

s = \\n,c = > ap. s ! cn. g ! n ! c + + cn. s ! n ! c ;

g = cn. g

}

图 72 展示了不同语言中的例子。

　　一个常见变异是形容词的位置。一些语言的形容词在名词前面,一些在名词后面。但这在一种语言中很少是统一的。比如,意大利语将大多数形容词都置于名词之后("casa rossa"("house red")),但有些非常普通的形容词却置于名词前面("vecchia casa"("old house"))。英语将简单的形容词置于名词前("old house"),但是复杂的形容词短语却在名词后面("house similar to this")。对于复杂的形容词短语,芬兰语甚至使用名词前位置("tätä muistuttava talo"("to-this similar house"))。

singular	plural
new house	*new houses*

cn.g	singular	plural	translation
Masc	*vino rosso*	*vini rossi*	"red wine"
Fem	*casa rossa*	*case rosse*	"red house"

sg, nominative	sg, ablative	pl, essive	translation
iso talo	*isolta talolta*	*isoina taloina*	"big house"

图 72 英语、意大利语和芬兰语中的形容词修饰语

在 9.6 节里讨论的名词的限定参数通常也被传递到了形容词。例如,在瑞典语里,"ett rött hus"("a red house")中形容词和名词都是非限定形式,而在"det röda huset"("the red house")中两者都是限定形式。德语,其名词不因限定而发生屈折变化,但在强和弱形容词格变化上仍然有相关的区别:"ein rotes Haus"("a red house",强的格变化)与"das rote Haus"("the red house",弱的格变化)。

9.8 词汇插入

开始在每个范畴里构建短语,需要使用词典中的词。这是通过词汇插入函数完成的,每个词汇范畴对应一个词汇插入函数:

fun

   UseN : N – > CN

   UseA : A – > AP

   UseV : V – > VP

它们的线性化规则常常很简单,因为线性化类型匹配:

lin

   UseN n = n

   UseA a = a

   UseV v = v

然而,尤其对于 UseV,插入规则经常更为复杂,因为一个 VP 记录包含了在 V 里没有的域,像宾语和其他补语。

插入的词被称为由这个词构造出的短语的头。因此,"house"是"house"、"big house"、"big old house"等的头。头的概念非常有用,因为由它带来的推广有强大的作用:

  · 变量特征从整个短语被传递到了它的头

· 头的固有特征由整个短语继承。

与大多数推广一样,这个有例外或需要修改。但它对于同心的结构却效果很好:作为完整短语,该结构有一个相同(或几乎相同)的范畴的"核"。

词汇插入从定义上讲是同心的,互补和修饰也一样。与此对照的是,谓项和限定是离心的:它们没有一个部分的类型与整体的类型相同。这可以通过替代测试显示出来:如果部分和整体可以用于相同的语境而不丧失语法性,那么两者具有相同的类型。例如,"house"和"big house"能通过替代测试,但"house"和"the house"没有通过测试。

范畴的名字表明名词(N)是名词短语(NP)的头。然而,在一个形如"DetCN det cn"的 NP 里,一般来讲,两个部分都不能通过替代测试。此外,两者单独都没有使用一个 NP 所需要的所有特征,正如我们在 9.6 节中所看到的那样:数来自限定词,性来自名词。

像我们已经了解的那样,与 N 一致的短语范畴,实际上不是 NP,而是 CN。在许多语言学理论中,这种范畴被称为 N-杠。因为用范畴 X 为词汇头的短语范畴命名用 X-杠;这个思想被称为 X-杠理论(Jackendoff,1977)。

然而,有两个词汇范畴作为名词短语的头使用:代词(像"she")和专有名词(像"John")。我们在微型资源里对它们不加区分,但在完整资源语法中区分它们。此外,许多限定词可以单独作为名词短语使用,例如"this"在句子"this is delicious"里。

9.9　意大利语中的微型资源

微型资源包括如下模块:

· abstract Grammar,核心语法
· abstract Test,测试词典
· interface Syntax,句法 API
· concrete GrammarIta,意大利语中的核心语法
· concrete TestIta,意大利语中的测试词典
· instance SyntaxIta,意大利语的句法 API
· resource ParadigmsIta,意大利语词形变化 API
· resource ResIta,意大利语的辅助运算

附录 A 里给出了这些模块的完整代码,大约有 400 行 GF 代码,其中 300 行是关于意大利语的。图 73 展示了模块之间的依存。

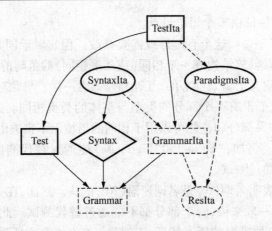

图 73　微型资源模块依存关系

9.10　实现词法

通常,开始编写资源语法最好的方法是从词法开始。与句法相比,这是相当实在的任务,可以很快给出可见结果。此外,为了在句法中得到可见结果,无论如何需要一些词法。而且考虑词法是发现一种语言有什么参数类型的一个有效方法。

在附录 A.2 节里,我们在 ResIta.gf 开始部分定义参数。后来在同一模块里定义的名词和形容词遵循 9.3 节里给出的一般模式。唯一添加的是在形容词里的布尔参数,表明形容词是否放在前面,请参考 9.7 节内容。因此:

lincat A = {s : Gender = > Number = > Str ; isPre : Bool}

在 GrammarIta 模块里,这一定义是通过在 ResIta 里定义的类型同义词 Adj 给出的。使用这个同义词能够帮助我们使 lincat 定义与在词法中定义的形容词同步。

名词和形容词词法本身有点复杂,但很直接。意大利语没有纯粹的词尾数和格的结尾,而是改变最后的元音。这些变化可从最后的元音加以预测,有时还要与前面的字母一起预测。对于以"a"(阴性)或"o"(阳性)结尾的名词的性是可以预测的;以"e"结尾的名词,智能词形变化函数 regNoun 默认为阳性。

对于动词,微型资源有简化的参数类型:

param VForm =

　　VInf | VPres Number Person | VPart Gender Number

完整的意大利语动词词形变化有 56 种形式,但在微型资源里,我们只需要 11 种。图 74 展示了规则动词"arrivare"("arrive")的这些形式。这些形式可以通过在 ResIta 里的 vegVerb 运算生成,它可以识别不定词尾"are",产生所谓的第一个动词的词形变化(同样,对词尾"ere"生成第二个动词的词形变化,对词尾"ire"生成第三个动词的词形变化)。不规则动词,像附录 A.5 节里的"piacere",通过使用最坏情况函数 mkVerb 生成,它带有 8 个参数;分词的 4 种形式经常可以通过规则形容词词形生成函数生成。

arrive_V	form
VInf	*arrivare*
VPres Sg Per1	*arrivo*
VPres Sg Per2	*arrivi*
VPres Sg Per3	*arriva*
VPres Pl Per1	*arriviamo*
VPres Pl Per2	*arrivate*
VPres Pl Per3	*arrivano*
VPart Masc Sg	*arrivato*
VPart Fem Sg	*arrivata*
VPart Masc Pl	*arrivati*
VPart Fem Pl	*arrivate*

图 74 意大利语动词"arrivare"的微型词形变化表

除了动词的词形变化外,意大利语动词拥有固有特征,表示哪一个助动词用于复合时态,如在微型资源里的完成(Perf)时态。因此,我们有

lincat V = {s : VForm = > Str ; aux : Aux}

这里的 Aux 是有两个值的参数类型。默认助动词是"avere"("have"),但有些动词使用"essere"("be")。在 Paradigmslta 里,助动词的选择是通过一个独立的运算完成的:

essereV : V – > V

它为像"arrivare"("arrive")的动词改变动词的助动词为"essere"。

9.11 实现修饰和限定

形容词修饰规则是直接的,因为特征像所期望的那样匹配。固有的 isPre 特征用于决定名词和形容词之间的顺序。Prelude 中的运算 preOrPost 可以被定义为:

```
oper preOrPost : Bool – > Str – > Str = \p,a,b – >
    case p of {
      True = > a + + b ;
      False = > b + + a
```

```
        }
```

这个运算用于如下的任务:

```
lin AdjCN cn ap = {
  s = \\n = >
    preOrPost ap. isPre (ap. s ! cn. g ! n) (cn. s ! n) ;
  g = cn. g
  }
```

但是 NP 是一个需要考虑的范畴。首先,虽然意大利语的普通名词没有不同的格,但一些名词短语拥有格。因此,人称代词拥有独立的主格、宾格和与格,例如 lei – la – le("she – her – to her")。既然 NP 范畴包括人称代词,我们需要为它引入一个变量格。我们将在本节后面看到,这一决定也将帮助我们处理定冠词。

NP 的另一个问题是一些代词的形式是附着形式,即当作为宾语使用时出现在动词前面。是否是附着形式取决于格参数。我们在 ResIta 里实现它的方法是通过使用在 NP 里的两个独立的域:一个"附着"域和一个"宾语"域。在谓项中,正如我们将在 9.12 节里看到的,附着域被置于动词前,宾语域被置于动词后。因此:

```
lincat NP = {s : Case = > {clit,obj : Str} ; a : Agr}
```

于是,一个代词可以实现如下:

```
lin she_NP = {
  s = table {
    Nom  = > {clit = [ ]  ; obj = "lei"} ;
    Acc  = > {clit = "la"; obj = [ ]} ;
    Dat  = > {clit = "le"; obj = [ ]}
    } ;
  a = Ag Fem Sg Per3
  }
```

ResIta 定义了 pronNP 运算,可使我们以简洁和统一的方式为所有代词编写规则,而不是为每个代词重复这个定义。除了代词以外的其他名词短语统一被线性化,而不使用附着形式:

```
lin John_NP = {
  s = table {
    Nom | Acc = > {clit = [ ] ; obj = "Giovanni"} ;
    Dat       = > {clit = [ ] ; obj = "a Giovanni"}
    } ;
```

```
    a  =  Ag Fem Sg Per3
    }
```

作为独立附着域和宾语域的一个替代方案是使用一个布尔特征,类似于形容词里的布尔特征:

NP = {s : Case = > {s : Str ; isPre : Bool} ; a : Agr}

然而,以我们的经验看,当有两个以上的附着位置时(正如在完整的意大利语资源里),分开的域更容易使用。现在,在 ResIta 里的实际的 NP 类型确实包含布尔特征 isClit,但是,这个特征只用于决定在哪里一致与附着是可能的,见 9. 12 节。

限定毫不令人惊奇:它是非附着的名词短语的另一个实例:

```
lin DetCN det cn  =  {
    s = \\c = > {
        obj  =  det. s ! cn. g ! c + + cn. s ! det. n ;
        clit  =  [ ]
        } ;
    a  =  Ag cn. g det. n Per3
    }
```

像"questo"("this")的限定词通常可由形容词词形变换表构建。它们的格屈折变化统一由运算 prepCase 提供,它可生成与格里的介词"a",并为其他格生成"[]":

```
oper adjDet : Adj  – > Number  – > Determiner = \adj,n – > {
    s = \\g,c = > prepCase c + + adj. s ! g ! n ;
    n = n
    }
```

定冠词更加复杂,因为它是前缀依存形式。例如,阳性单数冠词,在元音前是"l'"("l' uomo"("the man")),在"z"前是"lo",与 s 一起的是各种组合("lo zio"("the uncle");被称为"s impure"("impure s")),最后,"il"作为默认冠词("il ragazzo"("the boy"))。这三种方式的变体是如此常见,以至于 ResIta 为它引入了一个特殊运算:

```
elisForms : (_,_,_ : Str)  – > Str = \lo,l',il – >
    pre {#s_impuro = > lo ; #vowel = > l' ; _ = > il} ;
```

模式宏 s_impuro 和 vowel 在附录 A. 2 节中的 ResIta 里被定义。

介词"a"有一个带定冠词的特殊前缀依存缩约,可通过与格里的 elisForms 分开解决。因此,我们在阳性格里得到如下模式:

```
table {
```

```
    Nom | Acc = > elisForms "lo" "l'" "il" ;
    Dat = > elisForms "allo" "all'" "al"
  }
```

完整的屈折变化可在附录 A.3 节中的 the_Det 规则中看到。

9.12　实现动词短语和互补

在资源语法编程中,VP 类型的定义或许是最困难的任务。有两个不同方向的考虑。首先,在 9.3 节中的一般考虑是,VP 具有变量时态和一致特征。那么,它就与 Cl 类型(在某种意义上讲,像没有主语的 Cl)接近:

lincat VP = {s : Tense = > Agr = > Str}

而且,谓项很容易实现:

lin PredVP np vp =

　　{s = \\t = > np.s ! Nom + + vp.s ! t ! np.a}

另一方面,词汇插入必须将 V 映射到 VP。因为动词在词法中没有直接的 Tense 和 Agr 词形变化表,但是有将两者组合的更加复杂的东西(像意大利语中的 VForm),一个自然的 VP 类型是在动词域上再添加一个附着域和一个宾语域:

lincat VP = {v : Verb ; clit : Str ; obj : Str}

我们已经选择了后一种方法。词汇插入因此微不足道:只是添加空的附着和宾语域。

lin UseV v = {v = v ; clit, obj = [ ]}

互补规则使用 NP 的附着域和宾语域,根据 V2 的固有格选择:

lin ComplV2 np = let nps = np.s ! v2.c in

　　{v = v2 ; clit = nps.clit ; obj = nps.obj}

注意,V2 本身作为动词域起作用,这是由于记录子类的缘故(见 4.12 节)。

在附录 A.2 节的真实代码中,VP 类型比上述展示的略微复杂些。首先,使 obj 域依赖 Agr,以便它可以存储形容词谓语。第二,域 clitAgr 被添加,原因将在下一节中解释。

9.13　实现谓项

在前面的一节里,我们选择实现 VP,以便它与 V 接近,而不是与 Cl 接近。这使我们很容易进行词汇插入,但在谓项上有更多工作。在意大利语中,有两件重要事情:为宾语和附着形式寻找正确的位置,以及选择正确的动词形式。

由于我们在 9.11 节里设计了 NP 类型,放置宾语和附着语很容易。剩下来是选择动词形式,作为主语(一致特征)和时态的函数。但是这仍然不够,因为动词形式也可能依赖附着宾语,如 9.4 节所示。非正式规则如下:

1. 在现在时里,动词形式仅依赖于主语的数和人称。

2. 在完成时里,

(a) 有一个助动词,像现在时的主要动词一样,它的形式依赖于主语;

(b) 主要动词用分词形式,它的性和数

i. 来自主语,如果助动词是"essere"("lei è arrivata"("she has arrived"); "noi siamo arrivati u"("we have arrived"));

ii. 来自附着词,如果有一个附着词而且它是宾格("lei ci ha trovati"("she has found us"));

iii. 所有其他是阳性和单数的情况("noi abbi amo trovato Maria"("we have found Maria"))

在 Reslta 里的运算 argV 处理简单情况 1 和 2(a)。运算 agrPart 处理 2(b)。它使用一个额外特征,ClitAgr,被定义为"或一致,或不一致",

param ClitAgr = CAgr Agr | CAgrNo

这个类型的特征被存储在 VP 里,每当一个补语被添加,该域就被设置,因此,就有 GrammarIta 里的 ComplV2 的线性化规则。线性化定义检查这个域是否有附着词,以及其格是否为宾格:

```
clitAgr = case < nps. isClit, v2. c > of {
    < True , Acc >  = > CAgr np. a ;
    _  = > CAgrNo
  }
```

这个机制到位了,我们就能最后实现谓项:

```
lin PredVP np vp =
  let
    subj = ( np. s ! Nom ). obj ;
    obj = vp. obj ! np. a ;
    clit = vp. clit ;
    verb = table {
      Pres = > agrV vp. v np. a ;
      Perf = > agrV ( auxVerb vp. v. aux) np. a + +
              agrPart vp. v np. a vp. clitAgr
      }
  in {s = \\t = > subj + + clit + + verb ! t + + obj}
```

这条规则展示了一个我们还未展示的方面:宾语依赖主语的一致特征。这在形容词谓项里是需要的,因为形容词在 obj 域里存储,我们将在下一节予以展示。在完整的资源语法里,甚至 clit 域必须是主语依存的,因为反身动词引入依赖主语的附着词("Jo mi figure"("I imagine");"tu ti figure"("you imagine"))。

9.14　实现剩余的部分

附录 A 的大多数内容现在应该可以理解了,至少对于尝试重新实现某种其他语言并因此上机实验的读者来说应该如此。至于句法规则,对时态的处理可能会产生一个问题:为什么抽象特征有一个字符串域,而它总是为空呢?

lincat Tense = {s : Str ; t : ResIta. Tense} ;

lin Pres = {s = [] ; t = ResIta. Pres} ;

lin Perf = {s = [] ; t = ResIta. Perf} ;

(注意:受限的名字 ResIta. Tense 等,是为了避免与在 GrammarIta 里引入的同名字发生冲突。)在 UseCl 规则里,它确定一个句子的时态,哑域 t. s 被加在了从句前面:

lin UseCl t cl = {s = t. s + + cl. s ! t. t}

即使在完整的意大利语法中,Tense 的域 s 也没有任何内容。将其包括在内的原因是它在句法分析算法中的作用,不然句法分析算法就会认为参数 t 是隐藏的,并引入一个元变量! 一个字符串的存在,即使是为空,也可阻止这个。这是在 GF 编程中需要的技巧,可能没有经验会很难得想出。

附录 A 中的词法和句法 API 按照在 5.14 节所解释的原则加以定义。一些更加聪明的做法可以很容易地被包含在屈折词形变化表里,尤其是在动词的屈折词形变化表里。

至此,如果你还没有尝试,热情地建议您按照附录 A 的模型,为其他语言实现微型资源。可以是资源库里已包含的语言。甚至从现存资源文档中"偷"代码并使其符合微型格式都是非常有用的! 许多语言已有部分的实现,这可追溯到 20 世纪,并且与微型资源里的相比,其结构不怎么好,也不怎么清楚。

对任何旨在实现完整资源的人而言,微型也是一个推荐的出发点。这一工作不会浪费,而是会作为完整语法的一部分顺利嵌入。详细内容见 10.4 节。

练习 9-1　修改代词规则,使主语脱落特性可以实现,即主语的代词(你可以总是假设没有重读)不显示。这样做会如何影响句法分析?

9.15　并列和抽取

我们在 9.2 节里确定的关键现象不能涵盖自然语言语法的两个传统试金石：

· 并列，用连词组合不同范畴的短语，例如："John and Mary"。

· 抽取，在谓项里关系代词和疑问代词从它们"正常"的位置的"移动"，例如："（the woman）whom John loves"；"whom does John love"。

我们不讨论它们的原因是，它们还没有在资源语法库里产生任何特别的问题。这与 GF 的两个属性有关。当然，一个属性是 GF 将抽象句法与具体句法分开。因此，不存在一个成分的"正常"位置，需要将成分从这个位置"移动"开。另一个属性是 GF 是一个编程语言，问题可以借助数据结构和算法通过"蛮力"加以解决。此外，因为 GF 是一个函数语言，甚至"蛮力"解决方案常常也会非常简单、优雅。

作为并列的一个例子，让我们把二元名词短语并列（像在"you and me"里）添加到微型资源里。要解决的主要问题是一致特征的分配。并列包含作为其值的同样类型的参数，在这个意义上讲，它是同心的，但问题是有两个这样的参数，而且它们可能有不同的特征。没有哪个参数很清楚地是并列短语的头。然而，语法规则可清楚地制定：

· 性是阴性，当且仅当两个名词短语都是阴性时；

· 对于数，用"and"（意大利语中是"e"），结果总是复数；用"or"（"o"），当且仅当两者都是单数，结果是单数；

· 对于人称，"最低数"获胜。

这一套规则非常像一个程序，而且用 case 表达式会非常容易编写。从数学上讲，对性、数和人称的计算类似于最小函数，分别用 Masc、Pl 和 Perl 作为最小元素。实际的规则可能略微更加复杂，例如人称的选择依赖数，但是这样的规则同样地可用 case 表达式编写。

对于抽取，资源语法使用常用于 GPSG 语法形式化（Gazdar & al. ,1985）的消减范畴思想。一个例子是范畴 ClSlash（用 GPSG 表示是 Cl/NP），意指" a clause lacking a noun phrase"（"缺少名词短语的从句"）。消减范畴 CSlash 的线性化类型是：

$$C ** \{ c : Case \}$$

这里，当一个关系代词"非消减"一个 ClSlash 时，固有的格 c 被使用。使用消减的不同组合可以在资源 API（附录 D）中看到。语言学的细节在一篇关于资源语法库的综述文章中进行了讨论（Ranta,2009）。

练习 9-2[*]　从语义学观点看，一个范畴 CSlash 与函数类型 NP → C 类似，但是在资源语法里使用这个类型会涉及高阶抽象句法（6.9 节），因此会有一个线性化类型实际上不做所需要的工作。但是，你可以尝试这个解决办法，看看你在实现像"whom does John love"短语时可以达到什么程度。

练习 9-3[* *]　在附录 A.3 节中的 NP 并列规则对附着形式的处理并不恰当：如果并列，附着语应该变成重读的代词，出现在与宾语同样的位置，像其他的名词短语一样。例如，从"io ti amo"（"I love you"）和"io amo Maria"（"I love Maria"），我们应该得到"io amo te e Maria"（"I love you an Maria"）。要想得到正确的短语，需要对重读和非重读的代词加以区分。如果你熟悉这个内容，可以尝试修正规则；不然的话，查看一下实际的 GF 资源语法资源。

练习 9-4[* *]　为你自己选择的语言实现微型资源语法。如果它是一个已经包含在库里的语言，将它的线性化与库里的进行比较。

这是一个主要的任务，可能会花费一周或两周的时间，可为完全的资源语法实现提供一个良好的开端。

第 10 章 扩展资源语法库

如何将一种新的语言添加到资源语法库,本章将提供切实可行的建议。论述的焦点集中在模块结构、工作流程以及评估上;每一范畴和函数的具体细节可在实际的抽象句法资源中找到。主要内容有:
· 模块结构
· 所需工作量的统计
· 添加新语言的步骤
· 测试与评估
· 非 ASCII 字母表
· 函子的使用
· 为广覆盖句法分析扩展资源语法
· 引导一个大型词典

10.1 资源语法的模块结构

主要模块和它们的依赖关系在图 75 中给出。这个图可与图 73 进行比较,后者显示的是微型资源。最重要的变化是微型的 Grammar 模块在此被分裂为 16 种不同的模块。其中之一名字为 Grammar,实际上是其余部分的汇集,如图 75 所示。为简便起见,图中仅展示抽象句法模块;在每种语言中,每一个有其对应的具体句法模块。

图中的图形带有如下信息:
· 实线轮廓:可见模块,包括 API
· 虚线轮廓:内部模块
· 矩形:抽象和具体对
· 椭圆:资源或实例
· 菱形:界面
· 括号中的名字:已经给出或机械生成

为新语言编写语法的人员不需要在标有括号名字的模块上花费气力:它们中的一些已经在那里了,而一些需要用新语言名字进行复制。更确切地讲,
· 已给出的模块:所有抽象模块,除 Extra 和 Irreg 外
· 机械生成的模块:Common、Grammar、Lang 和 All 的具体句法

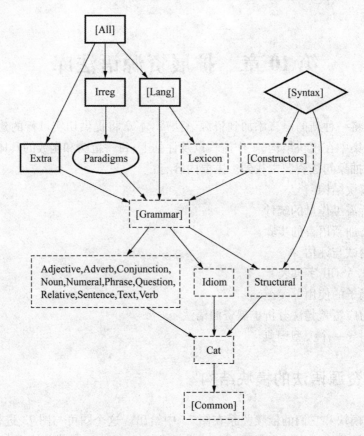

图 75　资源语法的主要模块

· 机械生成的模块：资源 Constructors、Syntax 和 Try

因此，真正需要的工作是编写：

· 从 Adjective 到 Structural 那一行的具体句法

· Cat 和 Lexicon 的具体句法

· Paradigms 的资源模块

· Extra 和 Irreg 的抽象句法和具体句法

模块角色总结如下。首先是 API：

· Syntax：语法组合与虚词

· Paradigms：词形变化表

· Constructors：只是语法组合

· Irreg：不规则屈折变化词（经常是动词）

· Extra：特定语言的额外句法构造

然后是，带抽象＋具体对的顶层语法：

· Lang：公共句法与词汇

- All:公共语法加依赖语言的扩展
- Grammar:各种语言共有的抽象句法函数
- Idion:习语表达式
- Structural:虚词词汇
- Lexicon:350 个实义词的测试词汇
- Cat:各种语言共有的类型系统
- Common:(大多数)语言共有的具体句法

最实质的部分是包含从 Adjective 到 Verb 的 10 个模块的矩形框。这些模块称为短语范畴模块。它们中的每一个为一个或几个相关词类定义构造函数,像图 76 总结的那样。

module	scope	value categories
Adjective	adjectives	AP
Adverb	adverbial phrases	AdN, Adv
Conjunction	coordination	Adv, AP, NP, RS, S
Noun	noun phrases, nouns	Card,CN,Det,NP,Num,Ord
Numeral	cardinals, ordinals	Dig, Digits, Numeral
Phrase	suprasentential units	PConj, Phr, Utt, Voc
Question	questions	IAdv,IComp,IDet,IP,QCl
Relative	relative clauses	RCl, RP
Sentence	clauses and sentences	Cl,Imp,QS,RS,S,SC,SSlash
Text	many-phrase texts	Text
Verb	verb phrases	Comp, VP, VPSlash

图 76 短语范畴模块的角色

除了图 75 展示的模块外,资源语法编写人员会使用几个助动词模块。其中的某些动词模块已经在库中给出:

- Prelude 与 Predef:字符串运算,布尔值
- Coordination:列表连接的一般运算
- ParamX:共有的参数,例如:Number = Sg | Pl

如下是语法编写人员自己编写的:

- Res:特定语言参数类型、词法、VP 构成
- Morpho 和 Phono:助动词模块,必要时从 Res 分离出来的模块,例如,当词法规则或音韵变化在语言中量很大时。

10.2 所需工作量统计

图 77 展示了资源语法库中已经完成的语言的工作量统计。这些图是来自

2010 年的统计数字;每人每月的工作量是大概的估计。星号标记线表明包含已生成的代码;真正手写的资源在那些情况里占很少的部分。

language	syntax	morpho	lex	total	pms	start
common	413	-	-	413	2	2001
abstract	729	-	468	1197	24	2001
Bulgarian	1200	2329	502	4031	3	2008
Dutch	1077	1244	876	3197	1	2009
English	1025	772	506	2303	6	2001
Finnish	1471	1490	703	3664	6	2003
German	1337	604	492	2433	6	2002
Polish	1935	5152	507	8424	6	2007
Romanian	1713	3513	666	5892	3	2009
Russian	1492	3668	534	5694	18	2002
Urdu	903	1257	497	2657	4	2009
Romance	1346	-	-	1346	10	2003
Catalan	521	*9000	518	*10039	4	2006
French	468	1789	514	2771	6	2002
Italian	423	*7423	500	*8346	3	2003
Spanish	417	*6549	516	*7482	3	2004
Scandinavian	1293	-	-	1293	4	2005
Danish	262	683	486	1431	2	2005
Norwegian	281	676	488	1445	2	2005
Swedish	280	717	491	1488	4	2001
total	18173	*46866	9264	*74303	117	2001

图 77　按源代码行及人月统计的编写资源语法的工作量;(*)表示其中部分代码是生成的

　　鉴于库已经稳定,经验已经增长,GF 实现本身已经得到改善,实现一种新的语言的工作量已经下降。在近期及未来的项目中,一个人花 3 至 6 个月的时间似乎就可以满足实现一种新的资源语法的需要。保加利亚语、加泰罗尼亚语、波兰语、罗马尼亚语、俄语和乌尔都语都已由它们的本族语者实现了。其他语法大多也由本书的作者,一个母语是芬兰语的人,实现了,但其他母语的程序员和讲自己母语的人也贡献了许多智慧,修复了很多程序漏洞。

　　除了表中包括的核心资源代码外,还有为多种语言编写的大规模词法字典,包括(编写时统计)保加利亚语、英语、芬兰语、瑞典语和土耳其语。这些字典总共包含了数以千计的 GF 代码,大多是机器从现有资源自动生成的(关于如何生成,见 10.10 节)。

10.3　一种新语言的工作流程

　　现在,总结一下实现一种新的语言所需要采取的步骤。我们使用马拉地语作为占位符：你们应该用你们自己的语言替代它。

1. 从开发人员档案库（repository）中找到最新的 GF 源代码（见 GF 首页）

2. 创建目录 GF/lib/src/marathi。

3. 核查 ISO 639-3 语言代码：Mar。

4. 从最接近的语言，如 hindi，拷贝所有的文件。

5. 重新命名文件 marathi/ ∗ Hin. gf 为 marathi/ ∗ Mar. gf.

6. 在模块头中，将 Hin 模块引用替换为 Mar 模块的引用。

7. 在每一个模块中，注释模块体的每一行。

8. 现在，你就可以在 GF 里输入你的（空）语法：import marathi/LangMar. gf.

剩下的事就是调试空语法！在这个任务中，有两个可能的开始方法：

· 句法驱动的：首先建立微型资源，然后将定义移动到完整资源，正如 10.4 见所描述的那样。

· 词法驱动的：以定义 LexiconMar 为目的，通过使用智能词形变化表，完成 ParadigmsMar，同时完成 ResMar 和 CatMar 中必需的部分。

句法驱动的方法是自顶向下的，意思是它从语言的最大单位（句子）开始并从开始给出该语言的整个画面——各个部分是怎样接合在一起的。词法驱动的方法是自底向上的，因为它从语言的最小单位（词）开始，然后到较大的语言单位。采用词法驱动的方法的一个优点是，词法本身就是非常有用的语言资源，它拥有永久的价值，即使资源语法还没有完成。句法驱动的方法具有的优点是，它涉及更多的"思考"，对于特定的细节不太关注。两种方法都已被成功地运用，你可以根据自己的喜好进行选择。

当你的工作进行到一定阶段时，你应该把你的代码发送到公共 GF 代码库中。你不应该等到你完成了所有代码并修改好后再上传，而应该努力从开源资源语法社区寻求反馈并作出贡献。

10.4　重用微型资源的代码

如果你已经开始编写微型资源语法（见前一章），你得对代码重新稍加组织。微型资源不仅较小，它的结构也较简单。我们已经从模块结构了解了这是什么意思。另一种简化是，在微型中有两三个捷径，替换了完整资源的更加原始的概念。这些概念使得不同组合的可能性更加紧凑地被表示，但是它们比起在微型中使用的概念更加理论化和抽象化；它们也常常通过扁平化从资源 API 用户面前隐藏，如 5.16 节解释的那样。微型资源与完整资源的区别在于

· 带补语的动词短语（VP）通过一个中介范畴 VPSlash 构建，它支持抽取（9.15 节）

· 带一个系词和一个非动词范畴的动词短语(VP),通过中介范畴 Comp 构建

· 限定词(Det)常常从不定个数量词的范畴 Quant 及数 Num 一起构建

· 名词短语(NP)不直接包括人称代词,但可作为范畴 Pron 的表达式

为更加详细起见,Grammar 模块的内容可以细分如下:

· 所有 Cat 定义归到 Cat

· 添加了范畴 Comp、Num、Pron、Quant 和 VPSlash

· UseCl 和 PredVP 归到 Sentence

· ComplV2 被分裂为 SlashV2 和 CompSlash,两者都在 Verb 中被定义

· DetCN 和 AdjCN 归到 Noun

· CompAP 被分裂为 UseComp 和 CompAP,两者都在 Verb 中被定义

· AdAP 归到 Adjective

· 在 Noun 中,a_Det 被作为 Indef Art 定义,the_Det 被作为 Def Art 定义

· 在 Noun 中定义 DetQuant、NumSg 和 NumPl,使得 Quant 可作为 Det 使用

· 在 Structural 中,this_Det 和 these_Det 合并为 this_Quant

· 在 Structural 中,that_Det 和 those_Det 合并为 that_Quant

· 在 Structural 中,i_NP、she_NP 和 we_NP 定义为 Pron 类型的常数

· UsePron 在 Noun 里被定义,使得 Pron 可作为 NP 使用

10.5　研发－测试周期

在"调试空语法"的过程中,确保你全程都有可编译的 LangMar! 这样,你就可以使用 GF 命令解释程序作为一个诊断工具。命令告诉你哪一个函数还没有实现:

> print_gammar – missing

至于你代码的语言正确性,随机生成是很有用的工具。它应该在所有层次上都被使用,而不应该仅限于顶层。因此,

> gr – cat = C | l – table

应该分别用于测试每一个范畴 C。甚至使用带元变量的树进行更加精确的测试也是恰当的,见 2.10 节。

应创建一套测试用于系统的回归测试,以确保漏洞修复不会产生新的漏洞。你应该构建和维护一个树库:一套带有线性化的树,作为一套测试。如下是怎样生成并使用一个树库:

1. 创建一个文件 test. trees,只含有树,一行一个。

2. 将每一个树线性化为所有形式,可以用英语进行比较。

> i english/LangEng. gf

> i marathi/LangMar. gf

> rf － lines － tree － file = test. trees ｜

l － all － treebank ｜ wf test. treebank

3．通过手动更正马拉地语的线性化，从 test . treebank 创建一个优质标准 gold. treebank。

4．用 Unix 命令比较：

$ diff test. treebank gold. treebank

5．在具体句法中的每一次修改后，重复(2)和(4)。

6．在每一个新实现的函数后扩展树集合和优质标准。

创建树的初始集合最简单的办法是通过对一系列句子，例如用英语写的句子做句法分析。如果 test. txt 是这样的一个文档，树集合可以通过如下的方式生成

> rf － lines － file = test. txt ｜ parse ｜ wf － file = test. trees

GF 库资源实际上包括了一个测试集，也可作为你编写的语言的测试起点。

10.6 非 ASCII 字母和转写

一个经常面临的实际问题是字符编码。GF 内部使用 32 位统一码（Unicode）标准，并用 UTF-8 编码生成文档（. gfo 和. pgf）。但是. gf 代码文档可以使用你想用的任何编码，可由标志标出。如果你在代码中使用 UTF-8，含有字符串文字的每一个模块体应该包含这样的行

flags coding ＝ utf8 ；

现在，UTF-8 越来越常用，并被如文本编辑器等工具支持，但要得到完全的支持可能仍然是困难的。例如，Windows 命令解释程序不支持它，Emacs 编译器在显示统一码字符时可能有困难。这些字符的输入可能也很费时间，因为你可能不得不使用有着陌生布局的虚拟键盘，或者使用原始的十六进制码。

直译是传统字符集问题的解决方法，而 GF 对它们有一些内置的支持。有一套现成的直译你可以使用。命令 ut ＝ unicode_table 显示了直译表格。你可以使用：

> help unicode_table

得到可用的直译列表，并知道如何查看它们。

如果你需要定义你自己的直译，你就得编译 GF 源代码文件 GF/Text/Tramsliterations. hs 并重新编译 GF。下面是直译如何被定义的一个例子：

transHebrew ：： Transliteration

```
transHebrew = mkTransliteration allTrans allCodes where
  allTrans = words $
    "A  b  g  d  h  w  z  H T y  K k  l  M m  N" ++
    "n  S  O P p Z. Z  q r s t  - - - - - -" ++
    "w2  w3  y2  g1  g2"
  allCodes = [0x05d0..0x05f4]
```

每一个直译是一个字母后接任何数量(包括 0)的非字母字符。大写和小写字母被区别对待。

在 GF 命令解释程序和 GF 代码文档中的字符串可以在 UTF-8 和直译之直接相互转换,方法是使用命令 ps = put_string。例如,

```
> put_string – to_hebrew "Obryt"
```

生成用 UTF-8 表示的希伯来语词"希伯来语"。如果你想把用直译编写的整个 Heb. gf 代码文档都转换成真实的希伯来语 UTF-8,可以编写

```
> read_file – file = Heb. gf | ps – env = quotes  – to_hebrew
```

其中标签 – env = quotes 表明只有字符串文字被转换,而不是文档的其余部分,后者当然是灾难性的。在文档 Transliterations. hs 里添加直译对于更新所有的涉及直译的命令是足够的,包括用于显示可用的直译的 help 命令在内。请将你的新直译贡献给 GF 社区!

10.7 编码原则

不仅作为 GF 任务,而且也作为一般的编程项目,资源语法编程是很复杂的,而且需要编程努力的。GF 的模块和类型系统在编程任务中会努力发挥作用,但在其之上仍然需要一条非正式的原则。让我们讨论这个问题的两个方面:类型规则和抽象。

首先是类型规则。图 75 中的 Grammar 模块是 13 个可扩展模块的一个代理。如果不划分成这 13 个模块,那么实现整个语法将会是非常艰巨的任务。这样划分也使得语法编译非常迅速,因为每一个模块是被分开编译的,而且在快速开发 – 测试周期中,只有那些前一次编译之后被修改的模块需要重新编译。此外,这个模块结构使得它可以把编写不同范畴的不同语法编写人员的工作分开。

图 76 中的每一个短语结构模块实际上是其值范畴(value category)的生产者:生成这些范畴的规则在这儿,而且只在这儿(除了可能在 Structural、Conjunction、Extra 和 Idiom 外)被实现。

同时,每一个模块潜在地是任何范畴的消费者,也就是说,它可能使用任何范畴作为参数类型。生产者 – 消费者依存关系可以是相互的,可从以下的结构

看出：

Sentence. UseCl	: Temp － > Pol － > Cl － > S	－ － S 使用 Cl
Sentence. PredVP	: VP － > NP － > Cl	－ － Cl 使用 VP
Verb. ComplVS	: VS － > S － > VP	－ － VP 使用 S

这是怎样工作的呢？生产者怎么知道消费者需要什么，消费者怎么确定它们得到的是它们需要的呢？解决办法是，在生产者和消费者之间建立一个合约，就是在模块 Cat 里、在短语范畴层次下被定义的线性化类型系统。因为所有其他模块从 Cat 继承了它们的类型系统，它们就可确定它们是在同样类型的对象上工作。

除了类型规则外，资源语法编写人员应该尽力实现抽象，并沿用函数编程风格和它的黄金法则，即

Whenever you find yourself programming by copy and paste，write a function instead！

（当你通过复制和粘贴编程时，需要定义一个函数！）

现在编写函数就像复制和粘贴一样，是一个避免重复的方法。在没有重复的情况下编写函数可能导致过度设计和不必要的难以理解的代码。函数的定义总是远离函数被使用的位置，不得不查找定义降低了阅读代码的速度。因此，我们主要鼓励在实际需要函数的地方编写函数。这就是说它们应该是对观察到的重复代码的回应，或者至少是阻止可能的重复的方法。

重复可能发生在不同的代码层次，而且应该尽可能在局部区域上被遇见以增加代码的可读性和可维护性。建议使用如下方法：

· 在一个定义里的重复：使用 let 表达式
· 在一个模块里的重复：在同一模块里定义 oper
· 在许多模块里的重复：在 Res 模块里定义一个 oper
· 整个模块重复：写一个函子

微型资源展示了前 3 种例子。例如在附录 A. 3 节中的 Grammarlta 中，ComplV2 用一个 let 表达式定义了常数 nps，它已被使用两次。同一个模块的 oper 中有一个 quello_A，它在模块里也被使用了两次。附录 A. 2 节中的 ResIta 有几个 opers，在整个代码中都被使用。更多的分散使用是在完整的资源语法里，Grammar 被分成了 13 个模块。

10.8　资源语法中的函子

在 5. 8 节里，我们看到在 GF 中使用函子的一个基本的例子：使用资源语法 API 编写的应用语法。但是，函子在资源语法内部也非常有用。在那里它们被

用于较底层的语言细节,以实现不同的语系。因此,在 2010 年的版本里有两个语系由函子实现:

- 罗曼语:加泰罗尼亚语、法语、意大利语、西班牙语
- 斯堪的纳维亚语:丹麦语、挪威语、瑞典语

这两类函子的实现有如下的结构:

- resource CommonFam,共用的语系资源
- interface DiffFam,一个最小接口,声明所有不同的常数
- instance DiffLang,在 Lang 里的常数的定义
- interface ResFam,扩展 Diff 的综合资源接口
- incomplete concrete CatFam,ResFam 上的函子
- incomplete concrete NounFam 和其他短语结构模块是在 ResFam 上的函子

当一种语言 Lang 被添加到一个语系时,只有 DiffLang 需要一些真正的工作量:所有函子实例化都可机械地生成。

上述内容涉及了语法的句法部分。还没有尝试将词法或词典函子化,因此,Idiom、Structural、Lexicon、Numeral 和 Paradigms 对每种语言都是独立的普通模块。

为更好理解在语系内部是什么区分了不同的语言,让我们来看一下 DiffRomance。它包含在句法模块里使用的一些词汇材料,例如助动词。但对于句法本身(除了词汇材料),只有 8 个常数可最终区分加泰罗尼亚语、法语、意大利语和西班牙语。

- 与冠词熔合的介词(法语、西班牙语有"de"、"a";意大利语还有"con"、"da"、"in"和"su")。

param Prepos

- 就助动词而言,存在哪种动词类型(法语、意大利语有"avoir"、"être",并且是反身的;西班牙语只有"haber"且反身的)。

param VType

- 衍生地,冠词与主语是否/何时一致(法语"elle est partie",意大利语"lei è partita",西班牙语没有)。

partAgr : VType – > VPAgr

- 冠词是否与前面的附着语一致(法语是的:"je l'ai vue",西班牙语不是:"yo la he visto")。

vpAgrClit : Agr – > VPAgr

- 是否在连接时重复介词(法语"la somme de 3 et de 4",意大利语"la somma di 3 e 4")。

conjunctCase ∶ NPForm － ＞ NPForm

· 动词不定式与附着语是如何被关联地放置（法语"la voir"，意大利语"vederla"）。Bool 被用来表示是否有任何附着语。

clitInf ∶ Bool － ＞ Str － ＞ Str － ＞ Str

· 把代词参数解释为附着语和/或普通补语，如果存在任何附着语，返回 True。

pronArg ∶

Number － ＞ Person － ＞ CAgr － ＞ CAgr － ＞ Str ＊ Str ＊ Bool

· 解释祈使句（带着它们的附着语等）。

mkImper ∶

Bool － ＞ Person － ＞ VP － ＞ ｛s ∶ Polarity ＝ ＞ Agr ＝ ＞ Str｝

现在，为一种语系的不同语言设置一个像这样的 Diff 接口几乎不是开始一个实现的方式！只有凭个人经验才能发现在 Diff 里应该有什么，以及是否 Diff 保持足够小，使得函子值得使用。

数学上讲，通过函子实现任何一组语言都是可能的：只要编写包含整个抽象句法的 Diff 接口，再加上具体句法的实例即可！但这肯定是过度设计。因此，例如，库没有试图用一个函子实现所有日耳曼语言（斯堪的纳维亚语、德语、荷兰语和英语）：Diff 可能太包罗万象，以至于不能实际使用。此外，最近所添加的罗马尼亚语语法是与日耳曼语言分开构建的，采用了其思想，但并未使用其函子。

让我们总结一下在资源语法中使用函子的利弊并得出一些实用的建议：

＋ 知识上的满足：语言概括。

＋ 代码分享：语法代码中，75％的日耳曼语和85％的斯堪的纳维亚语是相同的。

＋ 漏洞修补和维护也通常可以分享。

＋ 在同一语系中添加新语言是非常容易的。

－ 以恰当的抽象开始是困难的。

－ 新语言可能需要 Diff 接口的扩展。

建议的工作流程如下：

1. 不要以函子开始，而是首先以通常的方式编写一种语言。

2. 将得到的语法重构为一个接口、函子和实例；Diff 接口由空模块初始化。

3. 通过编写词法和测试词典添加第二种语言，仍然保持 Diff 接口为空。

4. 测试得到的语法，需要时将常数添加到 Diff 界面。

综上所述，我们可以把它看作一个潜在的有回报的研究计划，去增加函子的使用并在不同层级上创建函子层次结构。例如，日耳曼语比斯堪的纳维亚语在更高层级上可能成为函子。

当实现拉丁系语系(包括意大利语、西班牙语、葡萄牙语、法语和罗马尼亚语等)和斯堪的纳维亚语时,受限继承(见 4.8)无法获得。它使得函子的使用更加灵活,因为差异可通过例外而不是接口常数加以处理。然而,它也使得从单纯的函子实现得到的概括和理论结果变得模糊。

练习 10-1[*+]   将附录 A 中的意大利语语法重构为一个函子和一个界面,允许法语或其他日耳曼语言的语法的平滑实现。然后,实现这个语言。

10.9   扩大句法分析文本的覆盖范围

覆盖面广的语法最终应该可以对一般文本进行句法分析,而不仅仅是对一些限定领域的文本。资源语法,虽然它们是大规模的,并试图涵盖所有语言,但并不适用于分析一般文本。这主要有 4 个原因:词典、语法覆盖范围、歧义和效率。前两个问题当然可以由扩展资源语法本身解决。后两个问题是由资源语法的抽象和深度产生的。它们的解决可使语法更加具体和粗浅。

要构建一个高效的用于句法分析的语法,一个推荐的技巧是其结构的扁平化(flattening)。这尤其涉及动词短语的消除。句法分析语法应该作为应用语法实现,用类似于下面的规则:

fun PredV2 : NP - > V2 - > NP - > Cl

lin PredV2 subj verb obj = PredVP subj (ComplV2 verb obj)

许多这样的扁平化规则已经在资源语法库中给出,所以只要编写如下代码就足够了:

lin PredV2 = mkCl

需要特别考虑的是由介词结构附加引起的歧义的消解。分析句子"I saw her in the city today"可产生 7 种不同的树,对应着"today"是否附着在"the city"或"I saw her in the city"等上面。这样的组合数量随着句子长度的增加呈指数方式增长。一个消除这一问题的方法是从分析语法中省去正常的副词组合规则,并把副词列表插入到谓项规则中:

fun PredV2Adv : NP - > V2 - > NP - > ListAdv - > Cl

这同时也是另一个扁平化的例子。

粗浅的分析语法的大部分可由函子构建,独立于目标语言。但是,最终还是需要一些依赖语言的工作。唯一可以揭示这些工作的途径是通过语料库进行实验。这是 GF 仍然需要被恰当应用的一个领域。

练习 10-2[*+]   使用资源语法生成随机的句子并把它们分析成树。挑出一个带有许多种分析结果的句子集合,并分析是什么函数产生了这些歧义。编写一个包装语法,排除其中的某些产生歧义的函数(通过受限继承),并保证同样的句子仍然可以被分析,而且每句仅有一个树。

　　练习 10-3＊＋　　编写一个语法可继承某种语言的资源语法中的大部分,但要使用扁平化的谓项,而不是动词短语。与原始资源语法比较,评估其性能的差异。

10.10　引导一个资源词典

　　资源语法库的测试词典是词的集合,旨在覆盖最常用的一些词语。因此,它包括斯瓦迪士核心词列表(Swadesh list)中的 207 个原始词(Swadosh 1955),也包括一些现代词。它是具有公共抽象句法的多语词典,因此可以进行翻译。然而,甚至这个非常小的原始英语词列表中也包含着许多在其他语言中有几个等价词的歧义词。这表明几乎不会存在一个通用多语词典这样的东西。作为更加实际的目标,GF 资源语法项目正在构建单语词典,可为每种语言分别提供屈折变化和其他词语的语法信息。从这些词典来的词语可作为程序库函数,帮助定义领域词典。它们也可以被用在大规模单语句法分析器中。

　　构建大规模词典最简便的办法是使用开源词法词语列表。我们有时可以发现这样的词语列表,例如,在 OpenOffice 项目里,它们被用来检查拼写错误(http://ww. openoffice. org/)。这些列表可能给出词语屈折形式的所有集合。那么,它们就可以提供最坏情况完整的词形变化表(见 4.2 节),因此,可以被用于构建完整的词汇条目。例如,德语词列表可能给出动词的 6 种形式,

folgen folgt folgte gefolgt folgte folge

("follow")。这些形式可以被排序,以匹配德语中最坏情况 mkV 所需要的参数,因此,可以生成一对 GF 规则:

fun w02948_folgen_V : V ;

lin w02948_folgen_V =

　　"folgen" "folgt" "folgte" "gefolgt" "folgte" "folge" ;

为每一个词生成唯一的标识符(像这里的数字 02948)是很好的实践,因为词列表可包含同形异义词。

　　明确的完整形式的单词列表的一个变体是只给出基本形式的列表,但用词形变化标识符进行了注释。芬兰语的 KOTUS 列表(http：//kaino. kotus. fi/)就是一个这样的例子。那么,有两种方法可以实施。一种方法是扩大词表为一个完整形式的词典,前提是词表的发布附带某种屈折变化引擎。另一种方法是通过使用资源语法词形变化表实现词形变化表。在 KOTUS 里正是这样做的。它是一个 XML 文件,例如,对于词"aines"("ingredient")带有如下条目:

< st > < s >aines </s > < t > < tn >39 </tn > </t > </st >

我们可以把 KOTUS 第 39 个词形变化定义为:

kotus39_N : Str – > N = \jalas – >

  mkN jalas (init jalas + "ksia") ;

然后,我们可以用相应的抽象句法条目得到如下条目

lin w00651_aines_N = kotus39_N "aines" ;

对于许多语言而言,没有词法词表存在。可能只有简单的词列表,只带有基本的形式。如果这样的列表有词类标签,则可通过规则词形变化表自举。例如,如果我们找到一个德语词标记为

Reich, noun

("kingdom"),我们可以生成如下条目:

w00702_reich_N = mkN "Reich" ;

然后,我们可以使用带有一个参数的智能词形变化表 mkN,为 mkN 生成下一个参数,并得到

w00702_reich_N = mkN "Reich" "Reiche" masculine ;

然而,这个结果并不正确,但我们可以将它修改为:

w00702_reich_N = mkN "Reich" "Reiche" neuter ;

下一个迭代,带有 7-参数的 mkN,给出:

w00702_reich_N = mkN "Reich" "Reich" "Reich"

  "Reiches" "Reiche" "Reichen" neuter ;

这是正确的,所以,我们不需要任何新的形式。

在自举过程中所需要的更正数量给出了对语言中词法的可预测性的测量尺度,当然,也是词形变化表智能度的测量尺度。使用芬兰语 KOTUS 列表作为黄金标准的一个实验(Ranta,2009)表明,对于芬兰语名词,82% 只需要一种形式,96% 最多需要两种形式,平均下来,每个名词需要 1.42 个形式。鉴于每一个芬兰语名词有 30 种形式,实践证明,这是自举词典的一个非常高效的方式。

如果一个词表没有词类标签,则不能直接使用资源语法的词形变化表。但是即使那样,智能词形变化表可能对于抽取词类也是很有用的。这对于像德语这样的语言来说尤其容易,因为德语的名词有大写首字母,动词有不定式结尾"en"。一个可以把词分成名词、动词和其余词类的智能词形变化表可提供一个向词法词典的很大跨越。

对于自举来说最困难的情况是,纯文本被作为唯一可获得的材料使用。这种情况比纯词表还糟糕,因为它不能告知在文本中什么词是基本形式。但是即使那样,也可以使用一个与智能词形变化表相关的技巧。词汇提取工具(Forsberg & al.,2006)支持如下形式的规则:

  rule mkN x (x + "ar") =

｛(x ｜ x + "en" ｜ x + "s" ｜ x + "ens") &

(x + "ar" ｜ x + "arna" ｜ x + "ars" ｜ x + "arnas") ｝；

这一规则也适用于瑞典语,对于智能词形变化表 mkN,可由两个参数生成所有 8 个名词形式。这两个参数是单数和复数主格不定形式,例如,"bil" 和 "bilar"("car")。然而,要建立一个这样屈折变化的名词,找到任何一个单数和一个复数形式的一对就足够了,不论它们是什么格及是否是定指。上面的规则通过使用两个析取形式(｜)的一个合取(&)来表达。因此,这两个形式

kompisens kompisarna

("mate")产生词汇条目

w12345_kompis_N ＝ mkN "kompis" "kompisar"

Humayoun 等(2007)使用同样的技巧,从网上乌尔都语的文本中,抽取了一个包含 4816 个条目的词典。

练习 10-4[+]　通过研究实现资源词典所需要的形式数目,大概估计一下在资源语法库中一些语言的屈折变化的可能性。这个数目可能很悲观,因为词典的不规则词频率很高。

练习 10-5[**+]　为你自己选择的某种语言编写抽取规则。抽取工具可以从本书的网站上下载。

参 考 文 献

按照常规的课本模式，即与研究专著相反，本书没有给出多少明确的参考。然而，这项工作不是凭空完成的。本附录列出了相关文献，分为两个部分：

· 有关 GF 的出版物：一个相当完整的列表，每一个文献都带有简要的总结

· 背景与相关工作：列出了引发 GF 灵感或相关的文献，带有出版物是如何与 GF 相关的简要解释

本书的网页 http://www.grammaticalframework.org/gf-book 给出了这些出版物可供下载的电子版链接。

1. GF 出版物

以相反的时间顺序（最新发表的在前）：

J. Camilleri, Gordon J. Pace, and Mike Rosner. Playing Nomic using a Controlled Natural Language. CNL 2010, Controlled Natural Language, Marettimo, 2010. Using GF for defining the rules of a game.

K. Angelov and R. Enache. Typeful Ontologies with Direct Multilingual Verbalization. CNL 2010, Controlled Natural Language, Marettimo, 2010. The SUMO ontology implemented in GF.

S. Virk, M. Humayoun and A. Ranta. An Open-Source Urdu Resource Grammar, COLING 20010/The 8th Workshop on Asian Language Resources, Beijing, 2010. A report on the Urdu resource grammar implementation.

A. Ranta, K. Angelov and T. Hallgren. Tools for Multilingual Grammar-Based Translation on the Web. ACL 2010 System Demo, Uppsala, 2010. An overview of of GF for developers and users of translation systems.

D. Dannélls and J. Camilleri. Verb Morphology of Hebrew and Maltese—Towards an Open Source Type Theoretical Resource Grammar in GF. Proceedings of the Language Resources (LRs) and Human Language Technologies (HLT) for Semitic Languages Status, Updates, and Prospects, LREC-2010 Workshop, Malta, pp. 57-61. 2010. A study of Semitic non-concatenative morphology from the GF point of view.

M. Humayoun and C. Raffalli. MathNat—Mathematical Text in a Controlled Natural Language. Special issue: Natural Language Processing and its Applications. Journal on Research in Computing Science, Volume 46. 2010. Natural language interface to a proof system, implemented in GF.

D. Dannélls. Discourse Generation from Formal Specifications Using the Grammatical Framework, GF. Special issue: Natural Language Processing and its Applications. Journal on Research in Computing Science (RCS), volume 46. pp. 167-178, 2010. Interfacing GF with ontology, with a natural language generation perspective.

R. Enache, A. Ranta and K. Angelov. An open-source computational grammar for Romanian. CICLing-2010, LNCS, Vol. 6096, Springer. 2010. A report on the Romanian resource grammar implementation.

K. Angelov and A. Ranta. Implementing Controlled Languages in GF, Proceedings of CNL-2009, LNCS, Vol. 5972, Springer, 2009. On the use of GF for controlled languages, exemplified by an implementation of Attempto Controlled English also ported to three other language.

A. Ranta. The GF Resource Grammar Library, Linguistics in Language Technology, Vol. 2(2), 2009. A systematic presentation of the library from the linguistic point of view.

A. Ranta. Grammatical Framework: A Multilingual Grammar Formalism, Language and Linguistics Compass, Vol. 3, 2009. An overview of GF for readers with a general academic background.

A. Ranta. Grammars as Software Libraries. In Y. Bertot, G. Huet, J-J. Lévy, and G. Plotkin (eds.), From Semantics to Computer Science, Cambridge University Press, Cambridge, 2009. Grammar libraries from the software engineering point of view, with an example application to mathematical language.

K. Angelov. Incremental Parsing in Parallel Multiple Context-Free Grammars. EACL 2009. Describes the algorithm used in parsing with GF.

A. Ranta, B. Bringert, and K. Angelov. The GF Grammar Development Environment. System demo. Proceedings of EACL-2009, 2009. An overview of GF from the grammarian's point of view.

B. Bringert, K. Angelov, and A. Ranta. Grammatical Framework Web Service, System demo. Proceedings of EACL-2009, 2009. An overview of how to build web services on top of PGF using the Google Web Toolkit.

B. Bringert. Semantics of the GF Resource Grammar Library. Report, Chalmers University. 2008. Montague-style semantics for the Resource Grammar Library, applied to the FraCaS test suite of computational semantics via an extension of the parsing grammar and the use of the Oxford English Dictionary.

B. Bringert. Programming Language Techniques for Natural Language Applications. PhD Thesis, University of Gothenburg, 2008. Collection of articles about grammar-related algorithms and grammar-based speech applications.

B. Bringert and A. Ranta. A Pattern for Almost Compositional Functions. Journal of Functional Programming, 18(5-6), pp. 567-598, 2008; an extended version of a conference paper in ICFP 2006, The 11th ACM SIGPLAN International Conference on Functional Programming, Portland, Oregon, 2006. A functional programming technique for defining transfer-like functions with the minimum of effort.

R. Cooper and A. Ranta. Natural Languages as Collections of Resources. In Language in Flux: Dialogue Coordination, Language Variation, Change, ed. by R. Cooper and R. Kempson, pp. 109-120. College Publications, London, 2008. The resource grammar idea applied to language learning and evolution.

M. S. Meza Moreno and B. Bringert. Interactive Multilingual Web Applications with Grammatical Framework. In B. Nordström and A. Ranta (eds), Advances in Natural Language Processing (GoTAL 2008), LNCS/LNAI 5221, Springer, 2008. Shows how GF compiled to JavaScript is used in dynamic multilingual web pages.

P. Ljunglöf and S. Larsson. A grammar formalism for specifying ISU-based dialogue systems. In B.

Nordström and A. Ranta (eds), Advances in Natural Language Processing (GoTAL 2008), LNCS/LNAI 5221, Springer, 2008. Explains how GoDiS dialogue systems are specified by GF grammars.

K. Angelov. Type-Theoretical Bulgarian Grammar. In B. Nordström and A. Ranta (eds), Advances in Natural Language Processing (GoTAL 2008), LNCS/LNAI 5221, Springer, 2008. Explains the implementation of a Bulgarian resource grammar in GF.

B. Bringert. High-precision Domain-specific Interlingua-based Speech Translation with Grammatical Framework. Coling 2008 Workshop on Speech Translation for Medical and Other Safety-Critical Applications, Manchester, UK, August 23, 2008. Shows how to build spoken language translators based on GF grammars and their compilation to Nuance.

A. Ranta. How predictable is Finnish morphology? An experiment on lexicon construction. In J. Nivre, M. Dahllöf and B. Megyesi (eds), Resourceful Language Technology: Festschrift in Honor of Anna Sågvall Hein, University of Uppsala, 2008. Presents an experiment on smart paradigms in Finnish.

R. Cooper. The abstract-concrete syntax distinction and unification in multilingual grammar. In J. Nivre, M. Dahllöf and B. Megyesi (eds), Resourceful Language Technology: Festschrift in Honor of Anna Sågvall Hein, University of Uppsala, 2008. A comparison between GF and unification grammars.

M. Forsberg. Three Tools for Language Processing: BNF Converter, Functional Morphology, and Extract. PhD Thesis, Chalmers University of Technology, 2007. Articles and detailed documentation about GF Spin-Off projects.

A. Ranta. Example-based grammar writing. To appear in L. Borin and S. Larsson (eds), Festschrift for Robin Cooper, 2007. Presents and discusses the ideas of grammar composition and example-based grammar writing.

B. Bringert. Rapid Development of Dialogue Systems by Grammar Compilation. 8th SIGdial Workshop on Discourse and Dialogue, Antwerp, Belgium, September 1-2, 2007. Shows how to build a web-based spoken dialogue system by generating VoiceXML and JavaScript.

A. El Dada and A. Ranta. Implementing an Open Source Arabic Resource Grammar in GF. In M. Mughazy (ed), Perspectives on Arabic Linguistics XX. Papers from the Twentieth Annual Symposium on Arabic Linguistics, Kalamazoo, March 26 John Benjamins Publishing Company. 2007. An outline of the Arabic resource grammar project, focusing on linguistic aspects.

A. El Dada. Implementation of the Arabic Numerals and their Syntax in GF. Computational Approaches to Semitic Languages: Common Issues and Resources, ACL-2007 Workshop, June 28, 2007, Prague. 2007. A case study with the resource grammar, focusing on the morphosyntax and agreement of constructions with numerals.

A. Ranta. Modular Grammar Engineering in GF. Research on Language and Computation, 5:133-158, 2007. Adapts library-based software engineering methods to grammar writing and introduces the module system of GF.

A. Ranta. The GF Grammar Compiler. Workshop on New Directions in Type-theoretic Grammars, Dublin, August 2007 (ESSLLI workshop). 2007. Describes the compilation of GF source code to lower-level run-time formats.

M. Humayoun, H. Hammarström, and A. Ranta. Urdu Morphology, Orthography and Lexicon Extraction. CAASL-2: The Second Workshop on Computational Approaches to Arabic Script-based Languages, July 21-22, 2007, LSA 2007 Linguistic Institute, Stanford University. 2007. Fairly complete open-source Urdu morphology and elementary syntax in GF.

N. Perera and A. Ranta. Dialogue System Localization with the GF Resource Grammar Library. SPEECHGRAM 2007: ACL Workshop on Grammar-Based Approaches to Spoken Language Processing, June 29, 2007, Prague. 2007. An experiment in porting an in-car dialogue system from two to six languages.

B. Bringert. Speech Recognition Grammar Compilation in Grammatical Framework SPEECHGRAM 2007: ACL Workshop on Grammar-Based Approaches to Spoken Language Processing, June 29, 2007, Prague. 2007. Generation of speech recognition language models from GF to several formats: GSL (Nuance), SRGS, JSGF, and HTK SLF, with embedded semantic interpretation.

A. Ranta. Features in Abstract and Concrete Syntax. The 2nd International Workshop on Typed Feature Structure Grammars, Tartu, 24 May 2007 (NODALIDA workshop). 2007. Explores the design choices of incorporating features in a GF-like grammar, with comparisons to feature-based unification grammars.

O. Lemon and X. Liu. DUDE: a Dialogue and Understanding Development Environment, mapping Business Process Models to Information State Update dialogue systems. In EACL 2006, 11st Conference of the European Chapter of the Association for Computational Linguistics. , 2006. A GF-based system for rapid development of dialogue systems.

P. Ljunglöf, G. Amores, R. Cooper, D. Hjelm, O. Lemon, P. Manchón, G. Pérez, and A. Ranta. Multimodal Grammar Library. TALK. Talk and Look: Tools for Ambient Linguistic Knowledge. IST-507802. Deliverable 1. 2b, 2006. An extension of the Resource Grammar Library with multimodality (pointing), with an application to dialogue systems.

O. Caprotti and M. Seppälä. Multilingual Delivery of Online Tests in mathematics. Proceedings of Online Educa Berlin 2006. Berlin, 2006. This papers shows screenshots of multilingual generation in the WebALT project, using GF and the Resource Grammar Library.

J. Khegai. Language engineering in Grammatical Framework (GF). PhD thesis, Computer Science, Chalmers University of Technology, 2006. Collection of articles and technical reports on multilingual authoring and the Russian resource grammar.

M. Forsberg, H. Hammarström, and A. Ranta. Morphological Lexicon Extraction from Raw Text Data. FinTAL 2006, Turku, August 23-25, 2006. Springer LNCS/LNAI 4139, pp. 488-499, 2006. A method for automatic production of morphological lexica based on inflection engines such as those of GF Resource Grammar Library.

A. Ranta. Type Theory and Universal Grammar. Philosophia Scientiae, Constructivism: Mathematics, Logic, Philosophy and Linguistics, cahier spécial 6, pp. 115-131, 2006. A philosophical study of the medieval thesis that grammar is the same in all languages and the difference is only in words.

J. Khegai. Grammatical Framework (GF) for MT in sublanguage domains. Proceedings of 11th Annual conference of the European Association for Machine Translation, Oslo. pp. 95-104, 2006. Shows how GF is used in controlled language translation.

W. Ng'ang'a. Multilingual content development for eLearning in Africa. eLearning Africa: 1st Pan-African Conference on ICT for Development, Education and Training. 24-26 May 2006, Addis Ababa, Ethiopia. 2006. Presents a programme for producing educational material in African languages via multilingual generation in GF.

R. Jonson. Generating statistical language models from interpretation grammars in dialogue system. In Proceedings of EACL'06, Trento, Italy. 2006. Uses GF grammars to generate statistical language models for speech recognition.

A. El Dada and A. Ranta. Arabic Resource Grammar. Arabic Language Processing (JETALA), 5-6 June 2006, IERA, Rabat, Morocco, 2006. An outline of the Arabic resource grammar project, focusing on software aspects.

D. A. Burke and K. Johannisson. Translating Formal Software Specifications to Natural Language. A Grammar-Based Approach. In P. Blache, E. Stabler, J. Busquets and R. Moot (eds), Logical Aspects of Computational Linguistics (LACL 2005), Springer LNAI 3402, pp. 51-66, 2005. A paper explaining how a multilingual GF grammar is completed with Natural Language Generation techniques to improve text quality.

B. Bringert, R. Cooper, P. Ljunglöf, A. Ranta, Multimodal Dialogue System Grammars. Proceedings of DIALOR'05, Ninth Workshop on the Semantics and Pragmatics of Dialogue, Nancy, France, June 9-11, 2005, 2005. Shows how mouse clicks can be integrated in GF grammars alongside with speech input.

K. Johannisson, Formal and Informal Software Specifications. PhD thesis, Computer Science, Göteborg University, 2005. Collection of articles in the GF-KeY project, with an introduction.

A. Ranta. Declarative Language Definitions and Code Generation as Linearization. TYPES Meeting, Jouy-en-Jossas, 2004c. Available through GF homepage. An implementation of a compiler from a fragment of C to JVM, using a multilingual GF grammar and dependent types.

P. Ljunglöf. Expressivity and Complexity of the Grammatical Framework. PhD thesis, Computer Science, Göteborg University, 2004. Language-theoretical study of GF and its parsing problem.

A. Ranta. Computational semantics in type theory. Mathematics and Social Sciences, 165, pp. 31-57, 2004b. Shows how Montague-style grammars are implemented in GF and extends this to type-theoretical grammars for anaphoric expressions.

A. Ranta. Grammatical Framework: A Type-Theoretical Grammar Formalism. Journal of Functional Programming, 14(2), pp. 145-189, 2004. Theoretical paper explaining the GF formalism and its implementation. The standard reference on GF, but doesn't cover the module system.

H. Hammarström and A. Ranta. Cardinal Numerals Revisited in GF. Workshop on Numerals in the World's Languages. Dept. of Linguistics Max Planck Institute for Evolutionary Anthropology, Leipzig, 2004. An overview of the numeral grammar project, covering 88 languages.

A. Ranta. Grammatical Framework Tutorial. In A. Beckmann and N. Preining, editors, ESSLLI 2003 Course Material I, Collegium Logicum, volume V, pp. 1-86. Kurt Gödel Society, Vienna, 2004. A revised version of the on-line GF tutorial, v1.0.

J. Khegai and A. Ranta. Building and Using a Russian Resource Grammar in GF. In A. Gelbukh (ed), Intelligent Text Processing and Computational Linguistics (CICLing-2004), Seoul, Korea, February 2003, Springer LNCS 2945, pp. 38-41, 2004. An introduction to the GF resource grammar project, with Russian as prime example.

A. Ranta and R. Cooper. Dialogue Systems as Proof Editors. Journal of Logic, Language and Information, 13, pp. 225-240, 2004. Shows a close analogy between task-oriented dialogue systems and metavariable-based proof editors.

J. Khegai, B. Nordström, and A. Ranta. Multilingual Syntax Editing in GF, In A. Gelbukh (ed), Intelligent Text Processing and Computational Linguistics (CICLing-2003), Mexico City, February 2003, Springer LNCS 2588, pp. 453-464, 2003. Explains how the GF GUI is used in syntax editing and discusses how new grammars are created.

J. Khegai. GF parallel resource grammars and Russian. In proceedings of ACL2006 (The joint conference of the International Committee on Computational Linguistics and the Association for Computational Linguistics) (pp. 475-482), Sydney, Australia, July 2006. Gives an outline of the Russian resource grammar project.

R. Hähnle, K. Johannisson, and A. Ranta. An Authoring Tool for Informal and Formal Requirements Specifications. In R. D. Kutsche and H. Weber (eds), ETAPS/FASE-2002: Fundamental Approaches to Software Engineering, Springer LNCS, vol. 2306, pp. 233-248, 2002. Describes a GF-based authoring tool for object-oriented specifications in OCL and English. Carries out in full the work proposed in the position paper (Hähnle & Ranta 2001).

K. Johannisson and A. Ranta, Formal Verification of Multilingual Instructions. Proceedings of the Joint Winter Meeting 2001. Departments of Computer Science and Computer Engineering, Chalmers University of Technology and Göteborg University. 2001. Instructions for an alarm system in four languages, verified in the proof editor Alfa.

R. Hähnle and A. Ranta, Connecting OCL with the Rest of the World. ETAPS 2001 Workshop on Transformations in UML (WTUML), Genova, 2001. A position paper explaining how GF can be used to help in object-oriented modelling, with some examples on natural-language interaction with OCL (Object Constraint Language).

T. Hallgren, The Correctness of Insertion Sort, Manuscript, Chalmers University, Göteborg, 2001. Available in A seven-page text generated by GF-Alfa.

A. Ranta. Bescherelle bricolé, 2001. A machine-generated book on French conjugation implemented in GF.

T. Hallgren and A. Ranta, An Extensible Proof Text Editor. In M. Parigot and A. Voronkov (eds), Logic for Programming and Automated Reasoning (LPAR'2000), LNCS/LNAI 1955, pp. 70-84, Springer Verlag, Heidelberg, 2000. Describes an interface to the proof editor Alfa written in GF.

M. Dymetman, V. Lux, and A. Ranta, XML and multilingual document authoring: converging trends. Proceedings of the The 18th International Conference on Computational Linguistics (COLING 2000), pp. 243-249, Saarbruecken, 2000. Abstract syntax as interlingua, as implemented by XML, GF, and definite clause grammars.

P. Mäenpää and A. Ranta. The type theory and type checker of GF. Colloquium on Principles, Logics, and Implementations of High-Level Programming Languages, Workshop on Logical Frameworks and Meta-languages, Paris, 28 September 1999. 1999. Concise theoretical presentation of GF, using the old notation prior to v0.9.

2. 背景与相关工作

按字母顺序排列：

Alshawi, H. The Core Language Engine. MIT Press, Cambridge, Ma. 1992. A set of parallel grammars written in Prolog and used as a library; inspiration of GF resource grammars.

Appel, A. Modern Compiler Implementation in ML. Cambridge University Press. 1998. Compiler text book presenting the main techniques underlying language processing in GF: abstract syntax, pattern matching, parser generation.

Axelsson, J., C. Cross, J. Ferrans, G. McCobb, T. V. Raman, and L. Wilson XHTML + Voice profile 1.2. Specification, VoiceXML Forum. 2004. One of the formats generated from GF, to specify dialogue systems.

Beckert, B., R. Hähnle, and P. H. Schmitt (Eds.). Verification of Object-Oriented Software: The KeY Approach. LNCS 4334. Springer-Verlag. 2007. A system that includes a GF-plugin for syntax editing formal and informal software specifications.

Beesley, K. and L. Karttunen. Finite State Morphology. CSLI Publications. 2003. Xerox Finite State Tool, the most influential tool in computational morphology.

Bender, E. M. and D. Flickinger. Rapid prototyping of scalable grammars: Towards modularity in extensions to a language-independent core. In Proceedings of the 2nd International Joint Conference on Natural Language Processing IJCNLP-05 (Posters/Demos), Jeju Island, Korea. 2005. The LinGO Matrix project for parallel grammars in HPSG.

Bescherelle. La conjugaison pour tous. Hatier. 1997. The authoritative source for French verb conjugation, also available for Italian, Spanish, Arabic, and some other languages.

Bevocal Inc. Nuance GSL Grammar Format. URL http://cafe.bevocal.com/docs/grammar/gsl.html. 2005. One of the speech recognition formats generated from GF.

Bird, S., E. Klein, and E. Loper. Natural Language Processing with Python. Analyzing Text with the Natural Language Toolkit. O'Reilly Media, 2009. Building natural language processing applications in Python; these may include GF grammars via Python bindings to GF run time.

Blackburn, P. and J. Bos. Representation and Inference for Natural Language. A First Course in Computational Semantics. CSLI Publications. 2005. Applications of syntactic and semantic analysis implemented in Prolog; an example of the embedded grammar idea.

Bos, J., S. Clark, M. Steedman, J. Curran, and J. Hockenmaier. Wide-Coverage Semantic Representations from a CCG Parser. In Coling 2004. 2004. Benchmark for wide-coverage grammar-based parsing with semantics.

Bresnan, J. (Ed.). The Mental Representation of Grammatical Relations. MIT Press. 1982. The standard text on the LFG grammar formalism.

Brown, P. F., J. Cocke, S. A. Della Pietra, V. J. Della Pietra, F. Jelinek, J. D. Lafferty, R. L. Mercer, and P. S. Roossin. A statistical approach to machine translation. Computational Linguistics 16 (2), pp. 79-85, 1990. The "IBM Approach" pioneering the modern era of statistical machine translation.

de Bruijn, N. G. Mathematical Vernacular. In Collected Papers on Automath, North-Holland, 1994. A research programme for building a natural-language-like notation for type theory to express mathematics.

Burden, H. and P. Ljunglöf. Parsing Linear Context-Free Rewriting Systems. In Proceedings of the Ninth International Workshop on Parsing Technology, Vancouver, British Columbia, pp. 11-17. Association for Computational Linguistics. 2005. Underlying ideas for parsing GF.

Burton, R. R. and J. S. Brown. Semantic grammar: A technique for constructing natural language interface to instructional systems. In BBN Report 3587. Cambridge, Ma.: Bolt, Beranek, and Newman, Inc. 1977. The pioneering work on what GF calls application grammars.

Butt, M., H. Dyvik, T. H. King, H. Masuichi, and C. Rohrer. The Parallel Grammar Project. In COLING 2002, Workshop on Grammar Engineering and Evaluation, pp. 1-7. 2002. The multilingual grammar project using LFG.

Chomsky, N. Three models for the description of language. IRE Transactions on Information Theory, Vol. 2, pp. 113-124, 1956. The first definition of the "Chomsky hierarchy" of formal languages.

Chomsky, N. Syntactic Structures. The Hague: Mouton. 1957. The pioneering work on formalizing the syntax of natural language.

Claessen, K. Equinox, A New Theorem Prover for Full First-Order Logic with Equality. In Dagstuhl Seminar 05431 on Deduction and Applications. 2005. A theorem prover used in computing with the first-order logic semantics of the resource grammar in Bringert 2008.

Copestake, A, D. Flickinger, C. Pollard, and I. Sag. Minimal Recursive Semantics: An Introduction. Research on Language and Computation, Vol. 3, pp. 281-332, 2005. Meaning representation formalism used for translation in HPSG, LFG, and TAG.

Copestake, A. Implementing Typed Feature Structure Grammars. CSLI Publications, 2002. The LKB grammar development system widely used for HPSG.

Curry, H. B. Some logical aspects of grammatical structure. In R. Jakobson (Ed.), Structure of Language and its Mathematical Aspects: Proceedings of the Twelfth Symposium in Applied Mathematics, pp. 56-68. American Mathematical Society, 1961. The origin of the idea of tectogrammatics and phenogrammatics, also known as abstract and concrete syntax.

de Groote, P. Towards Abstract Categorial Grammars. In Association for Computational Linguistics, 39th Annual Meeting and 10th Conference of the European Chapter, Toulouse, France, pp. 148-155, 2001. A grammar formalism reminiscent of GF, based on linear lambda calculus.

Dean, M. and G. Schreiber. OWL Web Ontology Language Reference, 2004. URL http://www.w3.org/TR/owl-ref/. Meaning representation for the semantic web.

Diderichsen, P. Elementaer dansk grammatik. Kobenhavn, 1962. The topological structure of Scandinavian languages, a prime example of discontinuous constituents.

Doets, K. and J. van Eijck. The Haskell Road to Logic, Maths and Programming. College Publications, 2004. Introduction to Haskell for those interested in logic.

Dowty, D. Word Meaning and Montague Grammar. Dordrecht: D. Reidel, 1979. Points out that Montague grammar (Montague 1974) is an instance of Curry's distinction between tectogrammatics and phenogrammatics (Curry 1961).

Forsberg, M. and A. Ranta. Functional Morphology. In ICFP 2004, Snowbird, Utah, pp. 213-223, 2004. A spin-off of GF: a Haskell library for implementing morphology.

Frost, R. Realization of natural language interfaces using lazy functional programming. ACM

Comput. Surv, 38(4), 2006. A survey of NLP in Haskell-like languages.

Gazdar, G. , E. Klein, G. Pullum, and I. Sag. Generalized Phrase Structure Grammar. Basil Blackwell, Oxford, 1985. Slash categories and lots of other ideas using categorial grammar and unification.

Grevisse, M. Le bon usage, 13me edition. Paris: Duculot, 1993. The authoritative French grammar, also systematically using the distinction between inherent and variable features.

Harper, R. , F. Honsell, and G. Plotkin. A Framework for Defining Logics. JACM 40(1), 143-184, 1993. The standard logical framework based on type theory, used for the abstract syntax in GF.

Hockett, C. F. Two models of grammatical description. Word 10, 210-233, 1954. The item-and-arrangement and item-and-process models—plus a third one, word-and-paradigm, which is the one mostly followed in GF.

Huet, G. A Functional Toolkit for Morphological and Phonological Processing, Application to a Sanskrit Tagger. The Journal of Functional Programming 15(4), 573-614, 2005. Functional programming in OCAML for large-scale and efficient morphology implementations.

Ishii M. , K. Ohta, and H. Saito. An Efficient Parser Generator for Natural Language. 15th International Conference on Computational Linguistics, Kyoto, Japan, pp. 417-420, 1994. The NLYACC parser generator for context-free grammars.

Jackendoff, R. X-Bar Syntax: A Study of Phrase Structure. MIT Press, 1977. One of the most elegant and influential theories in linguistic syntax.

Johnson, S. C. Yacc—yet another compiler compiler. Technical Report CSTR-32, AT&T Bell Laboratories, Murray Hill, NJ, 1975. Despite its name, the first still known implementation of a grammar formalism for programming languages.

Joshi, A. Tree-adjoining grammars: How much context-sensitivity is required to provide reasonable structural descriptions. In D. Dowty, L. Karttunen, and A. Zwicky (Eds.), Natural Language Parsing, pp. 206-250. Cambridge University Press, 1985. The standard paper on TAG, a mildly context-sensitive grammar formalism.

Jurafsky, D. and J. Martin. Speech and Language Processing. Prentice Hall, 2000. Standard reference to natural language processing, covering almost everything; new edition in 2008. Cf. Nugues 2006.

Kernighan, B. W. and D. M. Ritchie. The C Programming Language. Prentice Hall. First edition 1978. One of the most influential programming language texts: tutorial, advanced applications, and reference manual in less than 300 pages; a model for this book as well (together with Koenig and Moo).

Kamp, H. A theory of truth and semantic representation. In J. A. G. Groenendijk, T. M. V. Janssen, and M. B. J. Stokhof (eds.), Formal Methods in the Study of Language. Mathematical Centre Tracts 135, Amsterdam, pp. 277-322, 1981. Introduces Discourse Representation Theory to solve problems with the logical semantics of anaphora.

Kamp, H. , R. Crouch, J. van Genabith, R. Cooper, M. Poesio, J. van Eijck, J. Jaspars, M. Pinkal, E. Vestre, and S. Pulman. Specification of linguistic coverage. FRACAS Deliverable D2, 1994. The computational semantics test suite used for GF by Bringert 2008.

Koenig, A. and Moo, B. E. Accelerated C + +. Addison-Wesley, 2000. An excellent introduction to C + +, presenting the standard libraries before the low-level language details; another model for this book (with Kernighan and Ritchie).

Kotimaisten Kielten Tutkimuskeskus. KOTUS Wordlist, 2006. URL http://kaino.kotus.fi/sanat/nykysuomi. Comprehensive open-source morphological lexicon of Finnish, reused in GF Resource Grammar Library.

Larsson, S. Issue-based Dialogue Management. PhD thesis, University of Gothenburg, 2002. Standard reference on dialogue systems based on an information state.

Lopez, A. Statistical Machine Translation. ACM Computing Surveys 40 (3), 2008. A survey of contemporary techniques and issues in statistical machine translation, including the use of grammatical information.

Lyons, J. Introduction to Theoretical Linguistics. Cambridge University Press, 1968. If you want to read just one book about linguistics, you get both far and deep with this one.

Mäenpää, P. Semantical BNF. In Types for Proofs and Programs 1996, LNCS 1512, Springer, 1998. Using dependently typed syntax for program semantics, in comparison to attribute grammars.

Magnusson, L. The Implementation of ALF—a Proof Editor based on Martin-Löf's Monomorphic Type Theory with Explicit Substitutions. PhD Thesis, Department of Computing Science, Chalmers University of Technology and Göteborg University, 1994. Back in 1992 the most wonderful program in the world, ALF is a model that GF directly follows: GF is Yet ALF.

Martin-Löf, P. Intuitionistic Type Theory. Napoli: Bibliopolis, 1984. A lucid exposition of type theory on less than 100 pages.

McCarthy, J. Towards a mathematical science of computation. In Proceedings of the Information Processing Cong. 62, Munich, West Germany, pp. 21-28. North-Holland, 1962. Introduces the notion of abstract syntax in connection to LISP.

Milner, R. A theory of type polymorphism in programming. Journal of Computer and System Sciences 17, 348-375, 1978. Simple type theory generalized with type parameters.

Milner, R., M. Tofte, and R. Harper. Definition of Standard ML. MIT Press, 1990. The first major typed functional programming language.

Montague, R. Formal Philosophy. Collected papers edited by Richmond Thomason. New Haven: Yale University Press, 1974. The pioneering formalization of syntax and semantics together; GF can be seen as a framework for Montague-style grammars.

Muskens, R. Lambda Grammars and the Syntax-Semantics Interface. In R. van Rooy and M. Stokhof (Eds.), Proceedings of the Thirteenth Amsterdam Colloquium, Amsterdam, pp. 150-155, 2001. Another Curry-style grammar formalism, aimed for semantic descriptions.

Nordström, B., K. Petersson, and J. Smith. Programming in Martin-Löf's Type Theory: an Introduction. Oxford University Press, 1990. Standard reference on the subject.

Nugues, P. An Introduction to Language Processing with Perl and Prolog. Springer 2006. As a book that aims to cover all NLP, serious competitor to Jurafsky and Martin: more concise and less English-bound.

Pereira, F. and S. Shieber. Prolog and Natural-Language Analysis. CSLI, Stanford, 1987. Using

Prolog and embedded definite clause grammars for natural language processing.

Pereira, F. and D. Warren. Definite clause grammars for language analysis—a survey of the formalism and a comparison with augmented transition networks. Artificial Intelligence 13, 231-278, 1980. Standard reference on definite clause grammars.

Peyton Jones, S (ed.). Haskell 98 language and libraries. Cambridge University Press, 2003. Standard reference to Haskell.

Pollard, C. Higher-Order Categorical Grammar. In M. Moortgat (Ed.), Proceedings of the Conference on Categorial Grammars (CG2004), Montpellier, France, pp. 340-361, 2004. From the creator of HPSG, a Curry-style grammar formalism.

Pollard, C. and I. Sag. Head-Driven Phrase Structure Grammar. University of Chicago Press, 1994. The first standard book on HPSG.

Power, R. and D. Scott. Multilingual authoring using feedback texts. In COLING-ACL, 1998. An interactive tool that inspired the GF syntax editor.

Ranta, A. Intuitionistic categorial grammar. Linguistics and Philosophy 14, 203-239, 1991. Using constructive type theory for natural language syntax and semantics.

Ranta, A. Type Theoretical Grammar. Oxford University Press, 1994. Using type theory for natural language syntax and semantics, with an early implementation of linearization (called "sugaring").

Ranta, A. Syntactic categories in the language of mathematics. In P. Dybjer, B. Nordström, and J. Smith, eds., Types for Proofs and Programs, pp. 162-182, Lecture Notes in Computer Science 996, Springer-Verlag, Heidelberg, 1995. Predecessor of GF: a grammar defined in type theory and implemented in ALF.

Ranta, A. Context-relative syntactic categories and the formalization of mathematical text. In S. Berardi and M. Coppo, eds., Types for Proofs and Programs, pp. 231-248, Lecture Notes in Computer Science 1158, Springer-Verlag, Heidelberg, 1996. Extending the theory of the previous paper. The implementation in ALF eventually became so heavy that the need arose for GF.

Ranta, A. Structures grammaticales dans le français mathématique. Mathématiques, informatique et Sciences Humaines., vol. 138 pp. 5-56 and 139 pp. 5-36, 1997. A French grammar presented in a type-theoretical style—together with a parallel English grammar, a predecessor of GF.

Ranta, A. Syntactic calculus with dependent types. Journal of Logic, Language and Information, vol. 4, pp. 413-431, 1998. Interprets Lambek Calculus in type theory and defines some extensions.

Rayner, M., D. Carter, P. Bouillon, V. Digalakis, and M. Wirén. The Spoken Language Translator. Cambridge University Press, 2000. Another book on CLE (Alshawi 1992), with very useful descriptions of grammar coverage.

Rayner, M., B. A. Hockey, and P. Bouillon. Putting Linguistics into Speech Recognition: The Regulus Grammar Compiler. CSLI Publications, 2006. The Regulus formalism that continues the tradition of CLE (previous entry).

Reichenbach, H. Elements of Symbolic Logic. The MacMillan Company, New York, 1948.

Famous for a tense system, which inspired the tenses in the GF Resource Grammar Library.

Sapir, E. Language. An Introduction to the Study of Speech. Harcourt, Brace & co. , New York, 1921. Pioneering work in modern empirical linguistics.

de Saussure, F. Cours de linguistique générale. Payot, Paris, 1913. Establishes linguistics as the study of systems involving both expressions and meaning.

Seki, H. , T. Matsumura, M. Fujii, and T. Kasami. On multiple context-free grammars. Theoretical Computer Science 88, 191-229, 1991. The computational model of GF parsing.

Shieber, S. Evidence against the context-freeness of natural language. Linguistics and Philosophy 8, pp. 333-343, 1985. The famous argument using Swiss German.

Shieber, S. An Introduction to Unification-Based Approaches to Grammars. University of Chicago Press, 1986. Clear and concise introduction to unification grammars.

Shieber, S. M. and Y. Schabes. Synchronous tree-adjoining grammars. In COLING, pp. 253-258, 1990. Translation in the TAG grammar formalism.

Stallman, R. Using and Porting the GNU Compiler Collection. Free Software Foundation, 2001. GCC, a multi-source multi-target compiler.

Steedman, M. Combinators and grammars. In R. Oehrle, E. Bach, and D. Wheeler (Eds.), Categorial Grammars and Natural Language Structures, pp. 417-442. D. Reidel, Dordrecht, 1988. Categorial grammar without variable bindings—one of the early inspirations of GF.

Steedman, M. The Syntactic Process. The MIT Press, 2001. The standard book about combinatory categorial grammar.

O'Sullivan, B. , Stewart, B. , and Goerzen, D. Real World Haskell: Code You Can Believe In. O'Reilly 2008. A modern textbook on Haskell for heavy-duty programmers.

Swadesh, M. Towards Greater Accuracy in Lexicostatistic Dating. International Journal of American Linguistics, 21, pp. 121-137, 1955. A lexicon of 207 basic words included in the test lexicon of the GF Resource Grammar Library.

Tapanainen, P. and Voutilainen, A. Tagging accurately—Don't guess if you know. Proceedings of ANLP '94, pp. 47-52, 1994. A famous comparison between statistical and symbolic methods.

Union Mundial pro Interlingua. Interlingua Homepage, 2001. URL http://www. interlingua. com/. An artificial language implemented in the GF Resource Grammar Library.

Warmer, J. and A. Kleppe. The Object Constraint Language: Precise Modelling with UML. Addison-Wesley, 1999. A formal specification language used in the GF-KeY project.

Young, S. , G. Evermann, D. Kershaw, G. Moore, J. Odell, D. Ollason, D. Povey, V. Valtchev, and P. Woodland. The HTK Book, Version 3. 2. Cambridge University Engineering Dept, 2002, URL http://www. htk. eng. cam. ac. uk. One of the speech recognition frameworks supported by GF.

索　引

opt（flag）	（标志）
overload（operation overloading）	（运算重载）
p1（tuple label）	（元组标签）
param（judgement）	（判断）
pre（prefix-dependent choice）	（前缀-依存选择）
printname（judgement）	（判断）
resource（module）	（模块）
startcat（flag）	（标志）
table（table expression）	（表格表达式）
variants（free variation）	（自由变异）
where（local definition）	（本地定义）
with（functor instantiation）	（函子实例）
abstract datatype	抽象数据类型
abstract feature	抽象特征
abstract syntax	抽象句法
abstract syntax tree	抽象句法树
abstraction	抽象
acoustic model	声学模型
adjectival phrase	形容词短语
aggregation	聚合
agreement	一致
agreement feature	一致特征
algebraic datatype	代数数据类型
alias pattern	别名模式
alpha conversion	阿尔法转换
ambiguity	歧义
anaphora	指代
anaphora resolution	指代消解
anaphoric expression	照应表达式
Android	安卓(系统)
anteriority	先前
API	应用程序界面
application	应用
application grammar	应用语法
Application Programmer's Interface	应用程序员界面
Arabic	阿拉伯语
argument type	参数类型
argument variable	参数变量
ASCII	ASCII 码(美国信息交换标准码)
aspect	体

compiler pragma	编译器编译指示
complement	补语
complement phrase	补语短语
complementation	互补分布
completeness of concrete syntax	具体句法的完整性
complexity	复杂性
compositionality	组合性
computation	计算
computational linguistics	计算语言学
compute	计算
concatenation	级联
concatenation pattern	级联模式
concatenative pattern	级联的模式
concrete syntax	具体句法
concrete syntax object	具体句法对象
conditions of well-formedness	良构条件
conflict	冲突
conjugation	（动词的）词形变化
connective	关联词
constant	常数
constituency	构成成分
constituent	成分
constraint	约束
constructive type theory	构造类型理论
constructor	构造函数
constructor pattern	构造函数模式
consumer	用户
content word	实义词
context	上下文
context-free	上下文无关的
context-free grammar	上下文无关文法
context-sensitive	上下文相关的
continuation	继续
contract	缩约
contravariance	反变更
conversion rule	转换规则
coordination	并列关系
copula	系词
copy language	副本语言
corpus	语料库

embedded grammar	嵌入语法
empty record	空记录
empty token list	空记号列表
emptying the shell environment	清空框架环境
endocentric	同心的
English	英语
enumerated type	枚举类型
ergative	动者格的
ergativity	作格性
eta conversion	eta 转换
eta-expended	eta 扩展的
exhaustive generation	穷尽生成
exocentric	外向(结构)的
expression	表达式
extended	扩展的
extension	扩展
extensional	扩展的
extraction	抽取
families of language	语系
feature structure	特征结构
field	领域
finite function	有限函数
Finnish	芬兰语
first match	首次匹配
flag definition	标志定义
flattening	扁平化
focus	焦点
forms of judgement	判断形式
fractal	分形
free variation	自由变异
French	法语
fridge poetry magnet	贴在冰箱门上的诗歌磁片
front end	前端
function	函数
function declaration	函数声明
function definition	函数定义
function printname definition	函数打印名定义
function type	函数类型
function types with variables	带变量的函数类型
function word	虚词

host language	主语言
hybrid system	混合系统
hypothesis	假设
identifier	标识符
immutable	不变的
import	输入
importing	输入
including	包含
incomplete	不完整的
incomplete module	不完整的模块
incremental parsing	增量解析
inflection	词形变化
inflection form	词形形式
inflection table	词形变化表
inflectional morphology	屈折形态
information extraction	信息抽取
information hiding	信息隐藏
inherent feature	固有特征
inheritance	继承
initialization	初始化
instance	实例
instantiated	实例化
integer literal pattern	整数文字模式
integrated multimodality	集成多模态
intensional	内涵的
interface	界面
Interlingua	国际语
interoperability	互操作性
interpretation function	解释函数
intransitive	不及物动词
iPhone	苹果手机
ISO 63903 language code	ISO 63903 语言代码
iso-latin-1	iso-latin-1
Italian	意大利语
Japanese	日语
Java	Java 语言
JavaScript	JavaScript 语言
judgement	判断
judgement keyword	判断关键字
label	标签

mildly context-sensitive grammar	轻度上下文相关文法
miniature resource grammar	微型资源语法
modification	限定
modular grammar engineering	模块化语法工程
module body	模块主体
module header	模块标题
module hierarchy	模块层级
module system	模块系统
module type	模块类型
monomorphic	单一同态的
Montague grammar	蒙塔古语法
Montague semantics	蒙塔古语义学
morphology	词法
morphology AP	词法汇编程序
multi-source	多来源
multi-target	多目标
multilingual grammar	多语言语法
multilinguality	多语性
multimodality	多模态
multiple inheritance	多重继承
n-gram	N 元统计语言模型
name	名称
name base	名字库
name resolution	名字解析
name space	名字空间
natural language generation	自然语言生成
negative pattern	负模式
NLG	自然语言生成
non-concatenative morphology	非衔接词法
normalization	标准化
Norwegian	挪威语
noun phrase	名词短语
number	数
object	宾语
one-character pattern	单字符模式
ontology	本体
open	打开文件
opening	打开
operation	运算
operation definition	运算定义

postfix	后缀
PP attachment	介词结构附加问题
precedence	优先权
precision	精度
predefined category	预定义类
predicate	谓语
predicate calculus	谓词演算
predication	谓项
prefix-dependent choice	前缀依存选择
printname	打印名
printname definition	打印名定义
private	私有的
pro-drop	主语脱落
probabilistic context-free grammar	概率上下文无关文法
probabilistic GF grammar	概率语法框架语法
probability configuration file	概率配置文件
producer	发生器
product type	乘积类型
production	生产
progressive implication	渐进蕴涵
projection	投射
prompt	提示
pronoun	代词
proof object	证明对象
proof-carrying document	带证明的文件
proposition	命题
propositions as types principle	命题类型原则
qualification	资格
qualified	合格的
quantification	量化
quantifier	量词
question answering system	问答系统
random generation	随机生成
ranking of trees	句法树排序等级
record	记录
record extension	记录扩展
record pattern	记录模式
record subtyping	记录子类型
record type	记录类型
recursive	递归的

spurious ambiguity	伪歧义
stack machine	栈式计算机
state	状态
static checking	静态检查
static type system	静态类型系统
statistical approach	统计方法
statistical language model	统计语言模型
statistical model	统计模型
straight code	普通代码
string	字符串
string literal	字符串文字
string literal pattern	字符串文字模式
string pattern	字符串模式
string-based grammar	基于字符串的语法
strong generative capacity	强生成能力
structural word	虚词
subject	主语
substitution	替代
substitution test	替代测试
subtype	子类型
subtyping	子类型
successor function	后继函数
supertype	超类型
suppression	阻止
Swadesh list	斯瓦迪士核心词列表
Swedish	瑞典语
Swiss German	瑞士德语
symbolic address	符号地址
symbolic approach	符号计算方法
syncategorematic	助范畴词
syncretism	类并
syntactic constructor	句法构造函数
syntactic grammar	句法文法
syntactic structure	句法结构
syntactic sugar	句法糖
syntax	句法
syntax API	句法应用程序界面
syntax editor	句法编辑器
syntax tree	句法树
synthesized corpus	合成语料库

utterance	话语
value	值
value assignment	赋值
value category	值范畴
value type	值类型
variable	变量
variable binding	变量约束
variable feature	变量特征
variable pattern	变量模式
verb phrase	动词短语
vocative	呼格
weak generative capacity	弱生成能力
well-typed	良类型
wild card pattern	通配符模式
wildcard	通配符
wildcard pattern	通配符模式
witness	见证
word	词
word alignment	词对齐
word order	词序
word sense disambiguation	词义消歧
worst-case function	最坏情况函数
wrap	隐藏
X-bar theory	X 杠理论